『 计算机实用技能丛书 』

U0170828

Word Excel PPT
办公应用从入门到精通

云飞◎编著

中国商业出版社

图书在版编目（CIP）数据

Word、Excel、PPT办公应用从入门到精通 / 云飞编著. -- 北京 ： 中国商业出版社，2020.12
（计算机实用技能丛书）
ISBN 978-7-5208-1371-6

Ⅰ．①W… Ⅱ．①云… Ⅲ．①办公自动化－应用软件
Ⅳ．①TP317.1

中国版本图书馆CIP数据核字(2020)第231692号

责任编辑：管明林

中国商业出版社出版发行

010-63180647 www.c-cbook.com
（100053 北京广安门内报国寺1号）

新华书店经销

三河市冀华印务有限公司印刷

＊

710毫米×1000毫米 16开 16印张 320千字
2020年12月第1版 2020年12月第1次印刷

定价：69.80元

＊＊＊＊

（如有印装质量问题可更换）

前 言

Microsoft Office 是由 Microsoft（微软）公司开发的一套基于 Windows 操作系统的办公软件套装。常用组件有 Word、Excel、PowerPoint 等。从 Office97 到 Office2019，我们的日常办公已经离不开 Office 的帮助。

本书特色

1. 从零开始，循序渐进

本书定位于指导初学者学习 Word/Excel/PPT 的入门书籍，从最简单、最基础的知识入手，由浅入深，以通俗易懂的讲解方式手把手教初学者学习。全书注重培养初学者的实际动手能力，在完成实际操作任务的同时掌握相关知识点。全书内容充分考虑了初学者的阅读能力与实际需求，以"实用、够用"为主题，不讲繁杂的理论知识和入门级读者难以用到的知识，通过"Step By Step"的图解方式，详细地介绍了初学者必须掌握的基本知识、操作方法和使用步骤。

2. 内容全面

本书内容基本涵盖了 Word/Excel/PPT 的重要知识点与常用功能，并给出大量实例以帮助读者进行提高训练。

3. 理论为辅，实操为主

本书注重基础知识与实例紧密结合，以便于读者加深对基础知识的掌握，并快速获得使用 Word/Excel/PPT 进行办公应用的职场技能和技巧。

4. 通俗易懂，图文并茂

本书文字讲解与图片说明一一对应，以图析文，将所讲解的知识点清楚地反映在对应的图片上，只要一边阅读文字一边看图，就非常容易理解和掌握相关知识点。全书讲解通俗易懂，图文对应清晰，相信初学者完全能够很轻松地读懂相关知识，快速精通使用 Word/Excel/PPT 进行高效办公的技艺。

本书内容

本书配合大量实际应用案例，科学合理地安排了各个章节的内容，结构如下：

第 1 章：介绍 Office 2019 的安装方法，以及 Office 2019 的特点与作用，启动、新建、打开、保存与关闭 Office 文档的详细操作方法。

第 2 章：讲解 Word 工作界面的组成，如何输入和美化文字，如何编辑文档，如何查找和替换内容，页面设置的方法，页眉和页脚的创建与编辑，以及文档该如何进行分节和分栏操作。

第 3 章：详细讲解在 Word 中如何进行查看与定位，编排表格，图文混排，绘制图形，插入艺术字，样式、模板与目录的应用，修订与保护文件，封面设计，页眉页脚的设置，文档的打印等，Word 的高级应用技巧等内容。

第 4 章：讲述了 Excel 工作表与工作簿的创建，单元格数据输入与编辑处理，公式与函数，编辑单元格，页面设置，工作表的打印等基础应用。

第 5 章：讲解了在 Excel 中创建数据清单，创建和编辑图表，美化图表，进行数据分析，以及 Excel 的高级应用技巧。

第 6 章：详细讲解了 PowerPoint 的窗口组成，演示文稿视图类型、各种基本操作、编辑与设置，音频 / 视频的处理，幻灯片主题的应用，幻灯片母版的应用，动画效果的设置，幻灯片的放映，以及各种应用技巧等内容。

读者对象

- 急需提高工作效率的初入职场者
- 加班效率低，日常工作和 Word 为伴的行政文员
- 渴望升职加薪的职场老手
- 各类文案策划人员
- 视 PPT 为生命的项目经理
- 靠 Excel 分析归纳数据的销售人员
- 自由职业者
- 高职院校和办公应用培训班学员

致谢

    本书由北京九洲京典文化总策划，云飞等编著。在此向所有参与本书编创工作的人员表示由衷的感谢，更要感谢购买本书的读者，您的支持是我们最大的动力，我们将不断努力，为您奉献更多、更优秀的作品！

云飞

目　录

第 4 章　轻松掌握 Excel 基本操作

第 1 章

Office 通用基础

本章导读

　　相信 Office 的大名大家早已久闻，甚至还流传"学电脑必学 Office"的说法，可想而知，Office 软件在日常工作和生活中的重要性。它到底是何方神圣呢？又有什么能耐成为必不可少的学习软件呢？别着急，本章将先教您如何把 Office 2019 安装到电脑上，然后分别介绍各个软件的特点与作用，启动、新建、打开、保存与关闭 Office 文档的详细操作方法，以满足您的求知欲。

1.1 Office 2019 简介

Office 2019 是一款由微软官方最新推出的办公软件，它包含了完整的办公组件，包括 Word、Excel、PowerPoint（以下简称 PPT）等。

那么，该版本具有哪些特点呢？

1.1.1 标签切换动画

Office 2019 增加了很多界面特效动画，最特别的是标签动画。每当我们点击一个功能面板时，Office 都会自动弹出一个动画特效。整体感觉很像是 Win10 特有的窗口弹入与弹出。不过总体看没有对性能造成任何拖累，反而比 Office 2016 更流畅一些。

1.1.2 内置 IFS 等新函数

Excel 2019 加入了几个新函数，其中比较有代表性的包括【IFS】、【CONCAT】、【TEXTJOIN】。以多条件判断【IFS】为例，以往当出现多个条件（即各条件是平行的，没有层次之分）时，必须借助 IF 嵌套或是 AND、OR 配合实现，这样的操作除了公式复杂、运行效率低以外，还很容易出错，不利于后期的修改与排错。

1.1.3 在线插入图标

单击 Office 2019 的【插入】|【图标】，你可以很容易地为文档、PPT 添加一个图标。制作 PPT 时会使用一些图标，Office 2019 中增加了在线图标插入功能，可以一键插入图标，就像插入图片一样，如图 1-1 所示。而且所有的图标都可以通过 PPT 填色功能直接换色，还可以拆分后分项填色。

图 1-1

1.1.4 横版翻页

这项功能类似于之前版本的【阅读视图】，Office 2019 新增加一项【横版翻页】模式，只需单击【翻页】按钮，Word 页面就会自动变成类似于图书一样的左右式翻页，从而提高了用户体验。如图 1-2 所示。

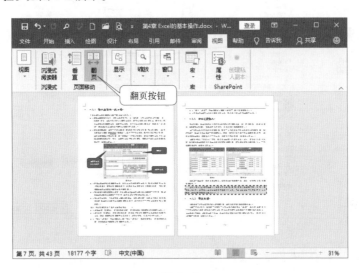

图 1-2

1.1.5 增加墨迹书写

Office 2019 增加了墨迹书写功能，如图 1-3 所示。可以随意使用笔、色块等在幻灯片上进行涂鸦，而且还内置了各种笔刷，可以自行调整笔刷的色彩及粗细，还可以将墨迹直接转换为形状，供后期编辑使用。

要打开墨迹书写功能，在 Word、Excel 或 PPT 里面，方法如下：

（1）单击左上角的【自定义快速访问工具栏】按钮，在弹出菜单中单击【其他命令】选项，如图 1-4 所示。

（2）在打开的对话框中，选中【自定义功能区】选项，然后选中【绘图】复选项，如图 1-5 所示。

图 1-3

图 1-4

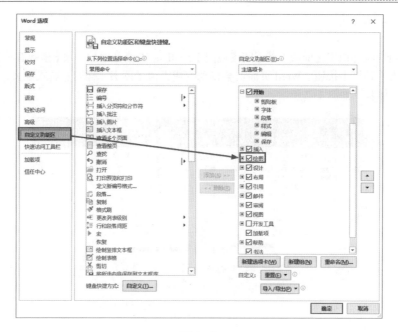

图 1-5

（3）单击【确定】按钮，然后选择【绘图】菜单，就可以使用墨迹书写功能了。更多新功能请读者自己体验，这里就不逐一介绍了。

注意： 安装 Office 2019 之前，一定要删除电脑上以前的版本，不然无法安装。另外操作系统一定要是 Win10 操作系统。

1.2 如何安装 Office 2019

要安装 Office 2019，可参照如下步骤进行：

（1）打开 Office 2019 安装包，如图 1-6 所示，找到对应系统位数 setup 文件后，用鼠标右键单击，在弹出菜单中选择【以管理员身份运行】。这里以安装 64 位的为例。

图 1-6

（2）离线镜像安装也非常简单，下载后用鼠标右键单击，在弹出菜单中选择【以管理员身份运行】，就可以执行安装过程。如图 1-7 所示。

4

（3）安装完成之后，直接关闭即可，有些版本会提示联机，单击【关闭】按钮就好。如图 1-8 所示。

图 1-7

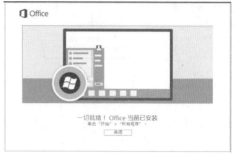
图 1-8

1.3　启动与新建 Office 文档

在 Office 2019 中，可以选择新建空白文档和根据模板新建文档。

1.3.1　启动 Word、Excel 或 PowerPoint

当 Office 安装在电脑上以后，其工作组件 Word、Excel 或 PowerPoint 需要分别启动。可以通过如下方法来启动。

方法 1：用鼠标左键单击 Win10 的开始按钮▦，单击字母 E 列表下的【Excel】，字母 P 列表下的【PowerPoint】，或者字母 W 列表下的【Word】，就可以启动 Excel、PPT或 Word 了，如图 1-9 所示。

图 1-9

方法 2：通过创建桌面快捷方式来启动。操作步骤如下：

（1）用鼠标左键单击 Win10 的开始按钮▦，然后右键单击字母 E 列表下的【Excel】，字母 P 列表下的【PowerPoint】，或者字母 W 列表下的【Word】，在弹出菜单中选择【更多】|【打开文件位置】命令，如图 1-10 所示。

此时打开了 Office 安装文件夹，Word、Excel 和 PPT 执行文件就在这里，如图 1-11所示。

图1-10　　　　　　　　　　　　　　图1-11

（2）使用鼠标右键分别单击 Word、Excel 和 PowerPoint，依次在弹出菜单中选择【发送到】|【桌面快捷方式】命令，如图 1-12 所示。

（3）以后直接双击桌面上的 Word、Excel 或 PowerPoint 快捷方式图标，就可以启动 Word、Excel 或 PowerPoint 了。如图 1-13 所示。

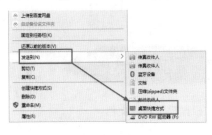

图1-12　　　　　　　　　　　　　　图1-13

1.3.2　新建 Word 空白文档

新建 Word 空白文档方法如下：

方法 1：启动 Word，在开始屏幕中可以看到最近使用的 Word 文档，单击右侧【新建】下的【空白文档】图标按钮，如图 1-14 所示。

图1-14

方法 2：在已经进入 Word 工作界面后，单击【自定义访问工具栏】按钮 ，在打开的下拉菜单中选择【新建】，如图 1-15 所示。然后在顶端右侧的【自定义访问工具栏】按钮的左侧，就会出现一个【新建空白文档】图标按钮 ，如图 1-16 所示。单击该按钮，就可以创建一个空白的 Word 文档。

方法3：在 Windows 桌面或文件夹空白处，使用鼠标右键单击，在弹出菜单中选择【新建】|【DOCX 文档】命令，如图 1-17 所示。

图 1-15　　　　　　　图 1-16　　　　　　　图 1-17

1.3.3　根据模板新建文档

根据模板新建 Word、Excel 或 PPT 文档的方法类似，都可以根据现有的模板来创建文档。这样操作的好处是，可以使用模板中现有的格式，以节约工作时间。下面以在 Word 中根据模板来新建 Word 文档为例，讲述如何根据模板新建 Office 文档。

操作步骤如下：

（1）启动 Word 2019，在开始屏幕单击【更多模板】链接按钮，如图 1-18 所示。

图 1-18

页面就变成了如图 1-19 所示的样子。在【Office】项下，列出了大量 Office 内置的模板。

图 1-19

（2）如果没有找到想要的模板，可以在【搜索联机模板】搜索栏中输入【清单】，然后单击搜索按钮进行搜索，如图1-20所示。

图 1-20

Office就会列出所有的联机模板了，这些模板都是免费试用的，如图1-21~图1-26所示。

图 1-21   图 1-22

图 1-23   图 1-24

图 1-25   图 1-26

（3）用鼠标右键单击要选择的模板，在这里以选择【节日清单】模板为例，在弹出菜单中选择【创建】命令，如图1-27所示。

Office将自动联机下载模板，然后新建一个文档，如图1-28所示。

图 1-28

节日清单

图 1-27

1.3.4 新建 Excel 空白工作簿

新建 Excel 空白工作簿的方法与新建 Word 空白文档的方法相同，方法如下。

方法 1：启动 Excel，在开始屏幕中可以看到最近使用的 Excel 文档，单击右侧【新建】下的【空白工作簿】图标按钮，如图 1-29 所示。

图 1-29

方法 2：在已经进入 Excel 工作界面后，单击【自定义访问工具栏】按钮，在打开的下拉菜单中选择【新建】，如图 1-30 所示。然后在顶端右侧的【自定义访问工具栏】按钮的左侧，就会出现一个【新建】图标按钮，如图 1-31 所示。单击该按钮，就可以创建一个空白工作簿。

方法 3: 在 Windows 桌面或文件夹空白处，使用鼠标右键单击，在弹出菜单中选择【新建】|【XLSX 工作簿】命令，如图 1-32 所示。

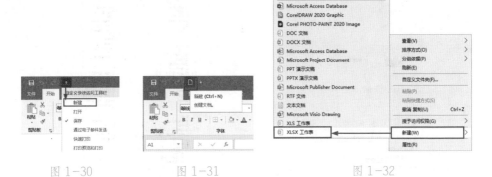

图 1-30   图 1-31   图 1-32

1.3.5 新建 PPT 空白演示文稿

新建 PPT 空白演示文稿的方法与新建 Word 空白文档和新建的 Excel 空白工作簿的方法相同，方法如下。

方法 1: 启动 PowerPoint，在开始屏幕中可以看到最近使用的 PPT 文档，单击右侧【新建】下的【空白演示文稿】图标按钮，如图 1-33 所示。

图 1-33

方法 2: 在已经进入 PowerPoint 工作界面后，单击【自定义访问工具栏】按钮 ，在打开的下拉菜单中选择【新建】，如图 1-34 所示。然后在顶端右侧的【自定义访问工具栏】按钮的左侧，就会出现一个【新建】图标按钮 ，如图 1-35 所示。单击该按钮，就可以创建一个空白工作簿。

方法 3: 在 Windows 桌面或文件夹空白处，使用鼠标右键单击，在弹出菜单中选择【新建】|【PPTX 演示文稿】命令，如图 1-36 所示。

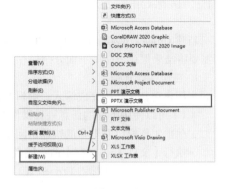

图 1-34　　　　　　图 1-35　　　　　　　　图 1-36

1.4　打开、保存与关闭 Office 文档

1.4.1　打开 Office 文档

当要对以前的文档（Word、Excel 或 PPT 文档）进行编排或修改时，可以打开此文档，打开文档的方法如下。

方法 1：在"我的电脑"中，打开文档所在的文件夹，然后双击文档名称即可打开它。

方法 2：当处于 Word、Excel 或 PowerPoint 工作界面时，也可以使用以下方法来打开它。这里以打开 Word 文档为例。

（1）执行【文件】|【打开】命令，或按 Ctrl+O 组合键，或单击常用工具栏上的【打开】图标按钮，打开如图 1-37 所示界面。可以单击选择打开【最近】列表中的文档，也可以打开本地电脑上的文档。

（2）单击【浏览】按钮，打开【打开】对话框，如图 1-38 所示。选择对应的文件夹和文件后，单击【打开】按钮就可以将所选文档打开了。

图 1-37　　　　　　　　　　图 1-38

11

1.4.2 保存 Office 文档

新建 Office（Word、Excel 或 PPT）文档并输入内容后，或打开文档经过编辑后，一般需要将结果保存下来。下面介绍保存文档的几种情况。

1. 首次保存文档

当用户在新文档中完成输入、编辑等操作后，需要第一次对新文档进行保存。

（1）可以使用下面的任意一种操作方法：

· 单击工作窗口左上角的快速访问工具栏中的【保存】按钮 🖫 。

· 执行【文件】|【保存】命令或者【另存为】命令。

· 按下键盘上的快捷键 Ctrl+S、F12 键或者快捷键 Shitf+F12。

> **提示：** 保存文档一般是指保存当前处理的活动文档，所谓活动文档，也就是正在编辑的文档。如果同时打开了多个文档，想同时保存多个文档或关闭所有文档，可以在按住 Shift 键的同时，选择【文件】|【保存】或【关闭】（此时变成【全部保存】和【全部关闭】）命令，只需选择其中需要的命令即可。

（2）执行上述操作之一，打开如图 1-39 所示对话框。

（3）单击【浏览】按钮，打开【另存为】对话框，如图 1-40 所示。

图 1-39   图 1-40

在保存位置下拉列表框，选择所需保存文件的驱动器或文件夹。

在【文件名】输入框中输入要保存的文档名称。

在【保存类型】中选择保存类型，Word 文档默认为【Word 文档（*.docx）】。

（4）最后单击【保存】按钮即可。

第一次保存了文档之后，此后每次对文档进行修改后，只需按 Ctrl+S 即可保存更改。

2. 重新命名并保存文档

重新命名并保存文档实际上就是把文档另存为，其操作步骤如下。

（1）单击【文件】|【另存为】命令，或者按 F12 键，单击【浏览】按钮，打开【另存为】对话框。

（2）在【保存位置】下拉列表框中，选择并指定保存路径的文件夹。

（3）在【文件名】文本框中输入文件的新名称。

（4）单击【确定】按钮，保存文档。

1.4.3 关闭 Office 文档或退出 Office

在 Office 应用程序中，关闭当前文档有以下几种方法：

·执行【文件】|【关闭】命令。

·单击窗口右上角的【关闭】按钮 ⊠。

·按键盘上的快捷组合键 Alt+F4。

退出 Office（Word、Excel 或 PPT）文档时，在关闭文档的过程中，如果文档没有保存，系统会给出保存文档的提示，让用户确定是否保存该文档。

第 2 章

轻松掌握 Word 基本操作

Word 是微软公司开发的 Office 办公组件之一，主要用于文字处理工作。本章将讲解 Word 工作界面的组成，如何输入和美化文字，如何编辑文档，如何查找和替换内容，页面设置的方法，页眉和页脚的创建与编辑，以及如何对文档进行分节和分栏操作。

本章导读

2.1 认识 Word 工作界面

在学习用 Word 编辑文字之前，先来认识一下 Word 的工作界面，如图 2-1 所示，这样就可以在后面的学习与操作中更得心应手。

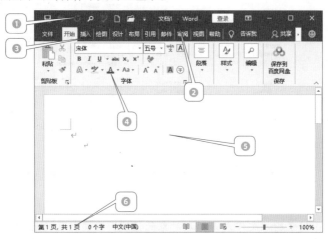

图 2-1

❶ 快速访问工具栏：可以单击【自定义快速访问工具栏】按钮 ，在弹出的下拉菜单中单击未打钩的选项，为其在快速访问工具栏中创建一个图标按钮，以后直接单击该图标就可以执行该命令。

❷ 标题栏：位于工作界面最上方正中位置，它显示了所打开的文档名称，在其最右侧有窗口最小化按钮 、最大化（或还原）按钮 和关闭按钮 三个按钮。

❸ 菜单栏：位于快速访问工具栏和标题栏的下方，按其功能可以分为【文件】、【开始】、【插入】、【绘图】、【设计】、【布局】、【引用】、【邮件】、【审阅】、【视图】和【帮助】等。在对文档进行编排处理时，大部分的操作都可以通过菜单功能来实现。用户只需将鼠标移动到需要执行命令的那一栏上，再单击左键，就会打开对应的功能区，然后就可以根据需要选择执行命令。在功能区中，有些项目后面有黑色的三角箭头，这表明该项目拥有子菜单，只要将鼠标光标指针移动到该项目上，即可弹出相应的子菜单。如图 2-2 所示，为【开始】菜单功能区的【文本效果和版式】的子菜单。

❹ 功能区：启动 Word 后，在 Word 窗口中，将自动显示【开始】菜单功能区，包括剪贴板、字体、段落、样式和编辑面板，如图 2-3 所示。

图 2-2

图 2-3

　　单击面板右下角的 按钮，可以打开相应的对话框或浮动面板进行参数选择或设置。图 2-4 ~ 图 2-7 分别为剪贴板浮动面板、【字体】对话框、【段落】对话框和【样式】浮动面板。

图 2-4　　　　　图 2-5　　　　　图 2-6　　　　　图 2-7

　　❺ 工作区：用来输入文字或者插入对象的区域，在文档区的最右侧放置了纵向滚动条，如果显示比例大于 100%，那么就会看到横向滚动条。通过拖曳滚动条可对文档区中的内容进行滚动浏览。在工作区的上方和左侧可以放置用于调整文档页面尺寸大小的标尺，选择要调整的文字内容，然后通过拖曳标尺上的滑块来调整页边距。在工作区的左侧还可以放置导航窗口，以方便编辑阅读，如图 2-8 所示。要显示导航窗口和标尺，则要在【视图】菜单的【显示】功能区选中【标尺】【导航窗格】选项，如图 2-9 所示。

图 2-8　　　　　　　　　　　　图 2-9

　　❻ 状态栏：位于 Word 窗口的底部，它显示了当前光标所在文档位置的状态信息，如当前位于第几页、共多少页、当前文档已经输入的字数、当前光标所处字符是英文还是汉字、文档显示比例等。

2.2　输入并美化文字

在 Word 操作过程中，输入文档是最基本的操作，通过【即点即输】功能定位光标插入点后，就可开始录入文本了。文本包括汉字、英文字符、数字符号、特殊符号及日期时间等内容。

2.2.1　输入文本

在 Word 的操作过程中，汉字和英文符号是最常见的输入内容，用户输入英文字符时，可以在默认的状态下直接输入，如果要输入汉字，需要先切换到中文输入的状态，才能在文档中输入汉字内容。

图 2-10 为输入的宋代苏轼写的《水调歌头》。将其保存为【水调歌头文本 .docx】文件。

一篇文章通常会以多个段落的形式来呈现内容，当在文档中输入的文字超过一行可容纳的范围时，Word 就会自动换行输入，而该行的输入宽度则要视文

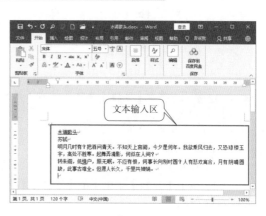

图 2-10

本编辑区的宽度而定。如果该行未写满，但又需要换行时，按下 Enter 键即可进行换行处理。

在编辑文字时，经常要在文中插入一些特殊的符号，而这些符号又无法通过键盘直接输入进来，这时就可将光标指针移到要插入符号的位置，执行【插入】|【符号】命令，然后就可根据实际情况选择需要的符号。如要插入【≥】，因为它属于数学符号，就可先单击切换到【符号】选项卡，在【字体】下拉列表中选择【普通文本】选项，接着单击选择【≥】，最后单击【插入】按钮即可。

要让文本格式显得整齐美观，还需要对文字进行美化，如设置【字体】、【字形】、【字号】、【文本效果和版式】、【字符间距】、【对齐方式】、【项目符号】、【编号】、【颜色】等。相关操作在接下来的章节详细介绍。

2.2.2　设置文本格式

Word 文档中输入文本后，为能突出重点、美化文档，可对文本设置字体、字号、字体颜色、加粗、倾斜、下划线和字符间距等格式，让千篇一律的文字样式变得丰富多彩。

在 Word 中，可以通过【字体】对话框（图 2-11 所示）和【开始】菜单中的【字体】选项面板（图 2-12 所示）两种方式设置文本格式。

图 2-11　　　　　　　　图 2-12

> 提示：单击【字体】选项面板右下角的【功能扩展】按钮，就可以打开【字体】对话框。

1. 设置字体

（1）打开【水调歌头文本 .docx】文件，选中文本【水调歌头】。

（2）单击【开始】菜单下的【字体】右侧的向下箭头，打开【字体】下拉菜单，如图 2-13 所示。

（3）在打开的下拉菜单中选择一种字体，拉动上下滚动条，找到字体【中國龍豪行书】，单击选择该字体为文本应用字体样式，如图 2-14 所示。

图 2-13　　　　　　　　图 2-14

（4）应用字体样式后的文本效果如图 2-15 所示。

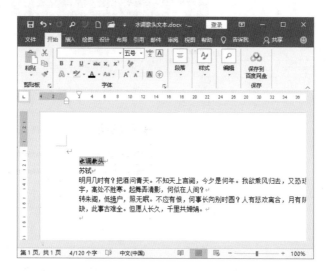

图 2-15

2. 设置字体颜色

仍然选中【水调歌头】文本，单击【字体颜色】右侧的向下箭头 ﹀，打开颜色面板，单击选中一种颜色，选择【标准色】下的【深蓝】，如图 2-16 所示。

此时的文本效果如图 2-17 所示。

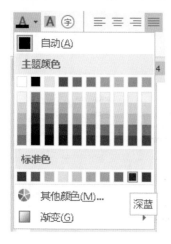

图 2-16　　　　　　　　　　　　　　　图 2-17

3. 设置字号

仍然选中【水调歌头】文本，单击【字号】右侧的向下箭头 ﹀，打开【字号】下拉菜单，单击选中字号，选择【一号】字号，如图 2-18 所示。

此时的文本效果如图 2-19 所示。

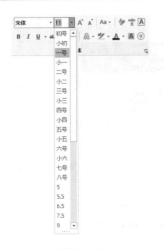

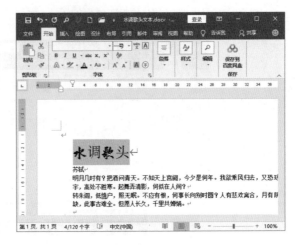

图 2-18　　　　　　　　　　　　　图 2-19

4. 设置字符间距

字符间距是指各字符间的距离，通过调整字符间距可使文字排列得更紧凑或者疏散。可以使用如下方法设置【字符间距】。

（1）选中要设置字符间距的文本【水调歌头】，再单击【字体】选项面板中的【功能扩展】按钮□，打开【字体】对话框，单击【高级】切换到【高级】选项卡，如图 2-20 所示。

（2）设置【间距】为【加宽】，【磅值】为【12 磅】，增加各字之间的距离，如图 2-21 所示。此时文本效果如图 2-22 所示。

图 2-20　　　　　　　　　　　　　图 2-21

（3）将文本【苏轼】设置为字体【黑体】，字号【四号】，效果如图 2-23 所示。

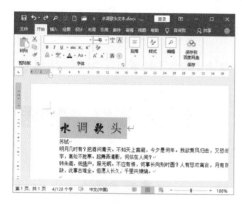
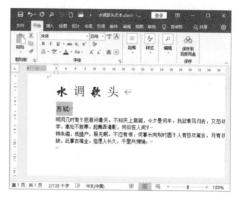

图 2-22　　　　　　　　　　　　　　　　图 2-23

2.2.3　设置段落格式

对文档进行排版时，通常会以段落为基本单位操作。段落的格式设置主要包括段落的对齐方式、段落的缩进、间距、行距等，合理设置这些格式，可使文档结构清晰、层次分明。

在 Word 中，可以通过【段落】对话框（图 2-24）和【开始】菜单中的【段落】选项面板（图 2-25）两种方式设置文本的段落格式。

段落

图 2-24　　　　　　　　　　　　　　　　图 2-25

提示：单击【段落】选项面板右下角的【功能扩展】按钮，可打开【字体】对话框。

1. 设置对齐方式

段落对齐样式是影响文档版面效果的主要因素。Word 中提供了 5 种常见的对齐方式，包括左对齐、居中、右对齐、两端对齐和分散对齐，这些对齐方式分布在【开始】选项卡的【段落】选项面板中，如图 2-26 所示。

选中标题【水调歌头】和文本【苏轼】，单击【段落】选项面板中的【居中】按钮，将标题居中显示，效果如图 2-27 所示。

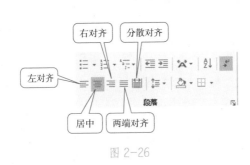

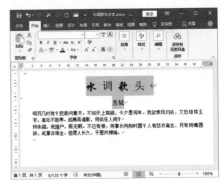

图 2-26　　　　　　　　　　　　　　　图 2-27

2. 设置段落缩进

段落缩进是指段落与页边的距离，段落缩进能使段落间更有层次感。Word 提供了 4 种缩进方式，分别是左缩进、右缩进、首行缩进和悬挂缩进。用户可以使用【段落】对话框（图 2-28）和【段落】选项面板中的工具按钮（图 2-29）设置段落缩进。

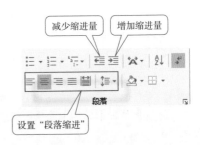

图 2-28　　　　　　　　　　　　　　　图 2-29

（1）选中如下文本：

　　明月几时有？把酒问青天。不知天上宫阙，今夕是何年？我欲乘风归去，又恐琼楼玉宇，高处不胜寒。起舞弄清影，何似在人间？

　　转朱阁，低绮户，照无眠。不应有恨，何事长向别时圆？人有悲欢离合，月有阴晴圆缺，此事古难全。但愿人长久，千里共婵娟。

（2）单击【开始】菜单下的【段落】选项面板右下角的【功能扩展】按钮◢，打开【段落】对话框，在【特殊】下选择【首行】，【增进值】为【2 字符】，如图 2-30 所示。

　　效果如图 2-31 所示。

图 2-30　　　　　　　　　　　　　　　　　　图 2-31

（3）按 Ctrl+S 快捷组合键保存文档。

3. 设置间距与行距

调整文档中的段间距和行间距可以有效地改善版面的效果，用户可以根据文档版式的需求，在【段落】对话框中设置文档中的段间距和行间距，如图 2-32 所示。

图 2-32

2.2.4　设置边框与底纹

　　要制作文档时，为修饰或突出文档中的内容，可以使用【字体】选项面板中的【字符底纹】A 按钮和【字符边框】Ⓐ按钮，对标题或者一些重点段落添加边框或者底纹效果，如图 2-33 所示。

图 2-33

2.2.5 项目符号与编号的应用

如图 2-34 所示，项目符号和编号是指在段落前添加的符号或编号。在制作规章制度、管理条例等方面的文档时，合理使用项目符号和编号不但可以美化文档，还可以使文档层次清楚，条理清晰。

图 2-34

1. 项目符号

使用 Word 可以快速地给列表添加项目符号，使文档易于阅读和理解，用户可以在输入时自动产生带项目的列表，也可以在输入文本之后再进行编号。

2. 添加项目符号

可以在不同的情况下或用不同的方法使用项目符号。

图 2-35

· 如果在句首输入【📖、☞】或【✎】等符号，后面输入文字、空格或者制表位，按 Enter 键也可自动实现项目符号列表。

· 如果要是对已经输入的文本进行项目符号列表，只需选中该文本，单击【段落】选项面板中的【项目符号】按钮 即可添加最近使用过的项目符号，若再次单击按钮 ，可以取消当前段落的项目符号。再按 Enter 键，下一段落自动实现项目符号。如要取消项目符号，可连续按两次 Enter 键。

· 若要更改项目符号，可单击【项目符号】右侧向下箭头 ，可打开【项目符号】面板，选择项目符号，如图 2-35 所示。单击【定义新项目符号】链接按钮，可以打开【定义新项目符号】对话框，自定义新项目符号，如图 2-36 所示。

图 2-36

3. 添加编号

同样，在句首输入类似【1.】【1）】【（1）】【一、】【第一，】【a）】等编号格式符号时，如果后跟一个以上的空格或者制表位，按回车键后，Word 就会自动对其进行编号。

· 如要对段落进行编号，也可以选中要编号的文本，单击【段落】选项面板中的【编号】按钮 即可。再按回车键，在下一行段落就会出现相同、按顺序的编号。如要取消自动编号，可再次单击【编号】按钮 。

· 如要更改编号的形式，可单击【编号】右侧向下箭头 ，可打开【编号】面板，设置编号，如图 2-37 所示。单击【定义新编号格式】链接按钮，可以打开【定义新编号格式】对话框，自定义新的编号样式，如图 2-38 所示。

图 2-37

图 2-38

2.2.6　复制与清除格式

在对文本设置格式的过程中，可根据需要对格式进行复制与清除操作，以提高编辑效率。

1. 使用格式刷复制格式

当需要对文档中的文本或段落设置相同格式时，可通过【剪贴板】面板中的【格式刷】快速复制格式，如图 2-39 所示。

选中要复制的格式所属文本，单击【剪贴板】组中的【格式刷】按钮。

此时鼠标呈刷形状，按住鼠标左键不放，然后拖动鼠标选择需要设置相同格式的文本。

完成后释放鼠标，即完成操作。

图 2-39

2. 快速清除格式

对文本设置各种格式后，若需要还原为默认格式，则可使用 Word 的【清除所有格式】功能，快速清除字符格式，如图 2-40 所示。

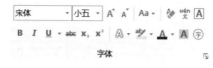

选择需清除格式的文本，再单击【字体】选项面板中的【清除所有格式】按钮。

图 2-40

之前所设置的字体、颜色等格式即可被清除掉，还原为默认格式。

2.2.7　插入特殊符号

Word 预设了大量的标点符号及多个【版权所有】、【已注册】、【商标】等特殊符号，如果要在文档中标注某个重点时，可以快速插入这些原有的符号。符号还允许自定义快捷键。为重点项目插入特殊符号与自定义快捷键的方法如下。

打开【鹧鸪天 .docx】文档，将光标定位在标题【鹧鸪天】的起始位置，如图 2-41 所示。

图 2-41

1. 打开符号对话框

选择【插入】菜单选项，在【符号】选项面板单击【符号】按钮 Ω符号，在打开的下拉菜单中选择【其他符号】，如图 2-42 所示。此时就打开了【符号】对话框，如图 2-43 所示。

2. 插入符号

在【符号】选项卡下，设置【字体】为【（普通文本）】，【子集】为【标点和符号】，接着拖动符号列表框右侧的滚动条，查找要插入的符号。单击选取【星形轮廓】符号【★】，最后单击【插入】按钮，如图 2-44 所示，将所选符号插至光标所处位置，如图 2-45 所示。

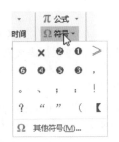

图 2-42   图 2-43

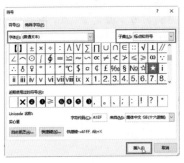

图 2-44

图 2-45

3. 自定义快捷键

在【符号】对话框中单击【快捷键】按钮，打开【自定义键盘】对话框，如图 2-46 所示。

单击【请按新快捷键】输入框，并按下 Alt+8 组合键，重新定义快捷键的组合方式，最后依序单击【指定】与【关闭】按钮完成自定义操作，如图 2-47 所示。

图 2-46

图 2-47

4. 修改与删除快捷键

如果觉得先前设置的快捷键不适合个人习惯，可以再次打开【字符】对话框，选取相应符号后，单击【快捷键】按钮，在【自定义键盘】对话框的【当前快捷键】列表中选取相应组合，再进行重新指定或者单击【删除】按钮，将其清除。

此外，设置快捷键后会在【符号】对话框中显示其组合键，而且每个字符都有着独一的字符代码，如图 2-48 所示，只要正确输入即可快速找到所需的符号。

图 2-48

5. 使用快捷键插入符号

由于已经设置好【星形轮廓】符号的快捷键，将光标定位于【鹧鸪天】的结束位置，按下 Alt+8 键将快速插入符号，结果如图 2-49 所示。

6. 插入特殊字符

先后将光标定位于【晏几道】的前面与后面，通过按下 Ctrl+- 快捷键的方式，快速插入破折号，最终效果如图 2-50 所示。

图 2-49

图 2-50

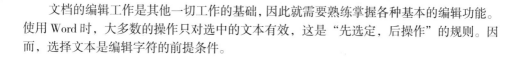

2.3　编辑文档

文档的编辑工作是其他一切工作的基础，因此就需要熟练掌握各种基本的编辑功能。使用 Word 时，大多数的操作只对选中的文本有效，这是"先选定，后操作"的规则。因而，选择文本是编辑字符的前提条件。

2.3.1　选定文本

选择文本有多种方式：使用鼠标选择、使用键盘选择和同时使用鼠标和键盘选择。

1. 使用鼠标选择文本

使用鼠标选定指定的文本内容的方法如下。

· 在活动文档中，选择【编辑】|【全选】命令，可以选择当前文档的全部内容。

· 双击鼠标可在文档中选定一个由空格和标点符号分隔的短句，或选定一个默认的词；连续单击鼠标 3 次，可选定一段文本。

· 选定多行。可以将光标移到选定栏中要选中的行左侧按下鼠标左键，并拖动鼠标至适当位置释放鼠标即可选定多行文本。

· 使用选定栏。选定栏是文档窗口左边界和页面上文本区左边界之间不可见的一栏，当鼠标指针移到左页边距的范围内时，指针形状会自动变成一个指向右上方的 ，这时，单击鼠标可以选定指针所指行的整行文字。双击鼠标可以选定指针所指段的整段文字。而连击三次鼠标可以将正在编辑的文档的全部文字选定。

2. 使用键盘选择文本

Word 提供了一整套利用键盘选择文本的方法。它们主要是通过 Shift、Ctrl 和方向键来实现的，常见的操作和按键如表 2-1 所列。

表 2-1　选择文本用的快捷键

按　键	作　用	按　键	作　用
Shift + ↑	向上选定一行	Ctrl+Shift + ↑	选定内容扩展至段首
Shift + ↓	向下选定一行	Ctrl+Shift + ↓	选定内容扩展至段尾
Shift + ←	向左选定一个字符	Shift+Home	选定内容扩展至行首
Shift + →	向右选定一个字符	Shift+End	选定内容扩展至行尾
Ctrl+A	选定整个文档	Shift+PgUp	选定内容向上扩展一屏
Ctrl+Shift+End	选定内容扩展至文档结尾处	Shift+PgDn	选定内容向下扩展一屏

注意： 选择段落与选择文本是有区别的。选择段落时，必须应同时包含该换行符，否则，当进行编辑操作时就会得不到应有的效果。例如，要移动一段文字，如果只选择了段落中的文字移动则只移动其中的文字，而选择了段落中的整个段落后移动，则不仅移动其文字，也移动了文字的格式和该段落的换行符。

2.3.2　移动与删除文本

1. 移动文本

使用以下方法，可以移动文本。

· 使用剪切功能移动文本。方法是选择要移动的文本后，选择【编辑器】|【剪切】命令，再把光标定位到文档中的某个位置，然后单击【粘贴】命令即可。

· 近距离的文本移动时，可以先选定要移动的文本，然后把鼠标移到所选的区域中，待光标变为左指键头 时，再按下鼠标左键并拖至所要的位置。如果在按鼠标左键之前先按下 Ctrl 键，再进行拖曳还可实现文本的复制功能。

2. 删除文本

一般在刚输入文本时，可用 Backspace 键来删除光标左侧的文本，用 Delete 键来删除光标右侧的文本。不过当要删除大段文字或多个段落时，这两种方法就不适用了。

选定要删除的文本，执行如下操作可以删除文本：

·选择【编辑】|【清除】命令或按 Delete（或 Backspace）键。

·选择【编辑】|【剪切】命令或按 Ctrl+X 键。

2.3.3　复制与粘贴文本

复制与粘贴是一个互相关联的操作，复制的目的是粘贴。

1. 复制

当某一部分文档内容与另一部分的内容相同时，就不必再浪费时间重新输入了，这时完全可以用 Word 中的【复制】命令，将其拷贝过来以节省时间、加快输入。

选定需要复制的文本内容，然后执行下面之一的操作：

·在选定的文本中单击鼠标右键，在打开的快捷菜单中选择【复制】命令。

·按 Ctrl+C 快捷键。

·单击【开始】菜单下的【剪贴板】选项面板中的【复制】按钮 进行复制操作。

2. 粘贴

执行【复制】命令后，复制的文本就保留在剪贴板中了，接着需要进行粘贴操作，才能达到复制的目的。

粘贴剪贴板中的内容时，先把光标定位到要粘贴的地方，然后执行下面之一的操作：

·按 Ctrl+V 快捷键。

·单击鼠标右键，从快捷菜单中执行【粘贴】命令。

·单击【开始】菜单下的【剪贴板】选项面板中的【粘贴】按钮 进行复制操作。

> **提示：** 在选定一段文本后，按下 Ctrl 键同时将鼠标移到选择的文本中。当鼠标指针变成向左倾斜的箭头时，按下鼠标左键并拖动至适当位置释放鼠标也可复制文本。

剪贴板是一个能够存放多个复制内容的地方，剪贴板可以让用户进行有选择的粘贴文本或图片等。剪贴板中的内容不会马上消失，因此可以进行多次粘贴。

3. 选择性粘贴

进行一般的粘贴时，会对原文本的所有格式都进行粘贴。如果在复制时，只想复制这个数据的其中一部分格式，此时就可以使用选择性粘贴。

使用【选择性粘贴】的方法如下：

（1）当把一些数据复制到剪贴板以后，单击【开始】菜单下的【剪贴板】选项面板中的【粘贴】选项下的向下箭头 ，打开【粘贴选项】面板，单击选择【选择性粘贴】命令，如图 2-51 所示。

图 2-51

此时会弹出一个【选择性粘贴】对话框，如图 2-52 所示。

（2）在此对话框中，如果用户要粘贴剪贴板中的内容的纯文本格式或某一指定格式，就可以在【形式】列表框中选择某一种形式，如选择【带格式文本】选项，则表示以【带有字体和表格格式的文字】的形式插入【剪贴板】的内容，而一般需要选择【无格式文本】或者【无格式的 Unicode 文本】两个选项，选择它们都只粘贴为纯文本格式。

图 2-52

2.3.4 撤销键入与重复键入操作

在排版过程中误操作是难免的，因此撤销键入和重复键入以前的操作就非常有必要了。Word 具有强大的复原功能，它位于【快速访问工具栏】里面，如图 2-53 所示，这个功能确实方便了不少的用户。

图 2-53

1. 撤销键入

使用下面任一操作可以进行撤销键入操作：

（1）按 Ctrl+Z 键或 Alt+Backspace 键一次可以撤销前一个操作。反复按 Ctrl+Z 键可以撤销前面的每一个操作，直到无法撤销。

（2）单击快速访问工具栏中的【撤销键入】按钮 ，可以撤销前一操作。

2. 重复键入

当进行了撤销操作后，又想使用所撤销的操作，可以使用如下方法重复键入操作：

（1）按 Ctrl+Y 键可以重复前一个操作，反复按 Ctrl+Y 键可以重复前面的多个操作。

（2）单击快速访问工具栏中的【重复键入】按钮 ，可以重复之前任意一个操作。

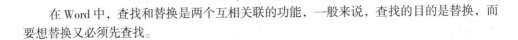

2.4　查找与替换

在 Word 中，查找和替换是两个互相关联的功能，一般来说，查找的目的是替换，而要想替换又必须先查找。

2.4.1 一般查找和替换

Word 的查找和替换功能可以快速搜索文本的特征、符号、每一处指定单词或词组，也可以使用通配符进行查找文档的内容，但不能查找或替换浮动对象、艺术字、水印和图形对象。

要在文档中进行查找和替换一般文字内容时，可以使用下面的操作。

1. 查找

（1）单击【快速访问工具栏】中的【编辑】按钮🔍，打开【编辑】面板，如图 2-54 所示。

（2）单击【查找】右侧的向下箭头 ▾，选择【查找】选项命令，如图 2-55 所示。

（3）在工作区左侧弹出的搜索文本框中，输入要查找的内容，在 Word 中会自动将与刚才输入的内容相同的部分以黄色标识显示，如图 2-56 与图 2-57 所示。

图 2-54　　　　图 2-55

图 2-56

图 2-57

提示：当再次在工作区键入内容后，黄色标识会自动消失。

2. 替换

（1）单击【快速访问工具栏】中的【编辑】按钮🔍，打开【编辑】面板，如图 2-58 所示。

（2）单击选择【替换】选项命令，如图 2-59 所示。

（3）此时打开【查找和替换】对话框，如图 2-60 所示。

图 2-58　　　图 2-59　　　　　　　图 2-60

（4）打开名为【外发光和内发光效果】的 Word 文档，如图 2-61 所示。接下来将 "" 替换为【 】。

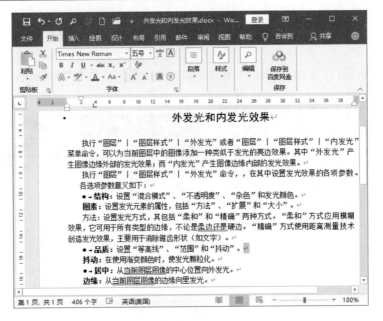

图 2-61

（5）将光标放置于文档末尾。在【查找和替换】对话框中的【查找内容】文本框中输入"，在【替换为】文本框中输入【，然后单击【全部替换】按钮，如图 2-62 所示，在弹出的如图 2-63 所示对话框中单击【是】按钮，然后在如图 2-64 所示对话框中单击【确定】按钮；继续在【查找内容】文本框中输入"，在【替换为】文本框中输入】，然后单击【全部替换】按钮，根据提示按照前述操作进行操作。

图 2-62

图 2-63

图 2-64

（6）替换操作完成后，单击【查找和替换】对话框中的【关闭】按钮关闭对话框。此时文本效果如图 2-65 所示。

图 2-65

替换时可用下面两种不同的方法。

（1）在【查找和替换】对话框中，反复按【查找下一处】按钮，然后单击【替换】按钮一个一个将文档中的内容进行正确的替换。

（2）在【查找和替换】对话框中，直接按下【全部替换】按钮，不用每个都详细看就直接替换了文档中符合搜索条件的所有内容。

2.4.2　高级查找和替换

使用 Word 的查找、替换功能，不但可以替换文字，而且还可以查找、替换带有格式的文字、段落标记、分页符等项目，也可以使用通配符和代码来扩展搜索。

1. 查找和替换有格式的文本

灵活地使用格式的替换功能，可以快速地查找或修改文档中具有相同文字的内容或者具有相同格式的文档内容。使用【格式】查找和替换功能的具体步骤如下：

（1）单击【快速访问工具栏】中的【编辑】按钮，在打开的【编辑】面板中单击选择【替换】选项命令，打开【查找和替换】对话框。

（2）在【查找和替换】对话框的【查找内容】文本框中输入需要查找的内容。然后单击【更多】按钮，展开更多选项，单击【格式】按钮，打开一个【格式】下拉菜单，从中选择需要查找的文字格式，如【字体】、【段落】、【制表位】和【样式】等，如图 2-66 所示。

图 2-66

（3）将光标定位在【替换为】下拉框中，并在框中输入要替换成的内容。同样，单击【格式】按钮，打开一个【格式】菜单，从中选择需要的文字格式。

> **注意：** 如果在【查找内容】下拉框中输入文字内容，那么，查找的是具有格式的文字内容。如果不在【查找内容】下拉框中输入任何内容，Word 将查找所有格式的文本；当使用了格式查找和替换时，在【替换为】的下拉框下，就会分别显示所选格式的说明。

（4）单击【查找下一处】（或【替换】）按钮，如果找到相应的内容，该文本就会黑色显示，此时单击【替换】按钮，可以一个一个将文档中的内容进行正确的替换。如果确认替换的内容符合搜索条件的所有内容，则可以直接单击【全部替换】按钮。

2. 查找和替换特殊字符

特殊字符是指一些特殊的操作（如【人工分页】等）。由于这些特殊的标记也是校对的一项内容，因此，特殊字符的查找和替换功能也经常会用到。

使用特殊字符查找功能的具体步骤如下：

（1）在打开的【查找和替换】对话框中，按照前面介绍的方法，在文档中选择查找和替换的文档范围与方向。

（2）将光标定位在【查找内容】下拉框中，然后单击【特殊格式】按钮，打开一个【特殊字符】下拉菜单，如图 2-67 所示。

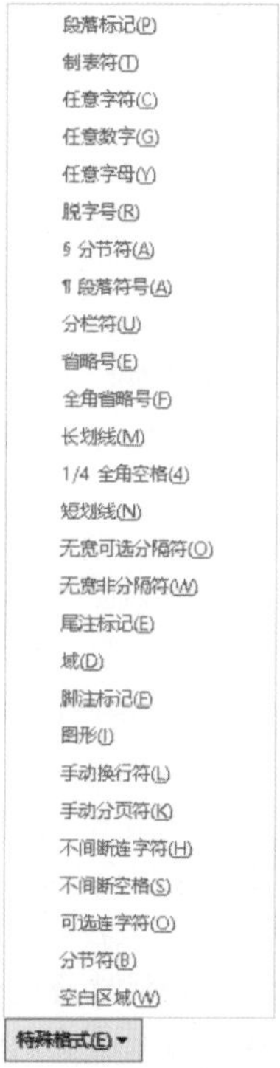

（3）在列表菜单中，选择所需的特殊字符选项，也可以直接在【查找内容】输入框中输入特殊字符的标记符号。

提示：有些符号代码只有在选中或取消选中【使用通配符】复选框时才能使用。当需要查找的内容具有特定结构（如某个固定位置上词是完全相同的，而另一些位置上的词则不相同）时，就可以使用通配符进行查找。

（4）如果要替换为特殊字符，可以将光标定位在【替换为】下拉框内，然后，同样单击【特殊格式】按钮，在打开的菜单中选择需要的特殊字符，也可以直接在【替换为】下拉框中输入特殊字符的标记符号。

（5）单击【全部替换】按钮。完成替换后，单击【关闭】按钮。

段落标记(P)
制表符(T)
任意字符(C)
任意数字(G)
任意字母(Y)
脱字号(R)
§ 分节符(A)
¶ 段落符号(A)
分栏符(U)
省略号(E)
全角省略号(F)
长划线(M)
1/4 全角空格(4)
短划线(N)
无宽可选分隔符(O)
无宽非分隔符(W)
尾注标记(E)
域(D)
脚注标记(F)
图形(I)
手动换行符(L)
手动分页符(K)
不间断连字符(H)
不间断空格(S)
可选字符(O)
分节符(B)
空白区域(W)

【特殊格式(E)】▼

图 2-67

2.5 页面设置

在打印文档时，常常需要根据不同情况使用不同的纸张。文档的大小可由纸型来决定，不同的纸型有不同的尺寸大小，如 A4 纸、B5 纸等。

2.5.1　选择纸型

一个文档使用纸张和页边距的大小，可以确定文档的版心、每页的字数。因此选择纸张大小在排版中是非常重要的。一个文档的页面可以是 Word 所支持的随意大小，但是文档的版心必须要有一个标准。如果是出版印刷的书稿，一篇文档的版心一定要由发排单来指定，比如指定每页为 40 行 × 39 字，即是每页有 40 行，每行有 39 个字。

定义版心的公式是：

行数 × 行跨度 = 纸高 –（上页边距 + 下页边距）

列数（即字符数）× 字符跨度 = 纸宽 –（左页边距 + 右页边距）

可以看出，知道了版心之后，首先要知道纸张的宽度与高度，其次再定义页边距，就可以确定文档的行数和列数了，因为行跨度和列跨度可以使用默认的值。

充电：字处理软件的【页面】主要都是根据纸张的规格设置的，如书刊幅面的大小称为开本，单页纸幅面的大小称为开张，纸张的不同裁切方式称为开式。由于造纸机械的不同，生产出来的全张纸的规格也就不同。

❶【开数】是国内对纸张幅面规格的一种传统表示方法，对于图书、刊物等也称为【开本】。开数是以一张标准全张纸裁剪成多少张小幅面纸来定义的，即以几何级数裁切法将一张标准全张纸切成 16 张同样规格的小幅面纸，就叫作 16 开，若切成 32 张小幅面纸，就叫作 32 开。目前，国内生产的全张纸主要有两个规格，一种规格为 787 mm × 1092 mm，这个规格又称为【标准开本】；另一种规格为 850 mm × 1168 mm，这个规格又称为【大开本】。

❷ 国际印刷出版物的纸张通行标准有 A、B 两个系列。A 系列全张纸为 880 mm × 1230 mm，B 系列全张纸为 1000 mm × 1400 mm。我国的开本尺寸已走向国际标准化，逐步开始使用 A 系列和 B 系列开本尺寸。

选择纸型只是设置版心的第一步，这里以选择 16 开的纸张为例：

（1）选择【文件】|【页面设置】命令，打开【页面设置】对话框，并切换到【纸张】选项卡。

（2）在【纸型】下拉列表框中，选择 16 开（18.4 × 26 厘米）的纸型，选择了纸型的同时，可以在【宽度】和【高度】看到纸张尺寸大小，如图 2-68 所示。

（3）在【应用于】下拉列表框中，选择相应的选项，如果已将文档划分为若干节，则可以单击某个节或选定多个节，再改变纸张大小。如果选择【整篇文档】项，则对全篇文档都应用所选择纸张大小。

图 2-68

提示：如果要设置特殊性的纸型，可以在【纸型】列表框中选择【自定义大小】选项，然后在【宽度】和【高度】微调框中输入或调整两者的数值。如输入 5.1cm 表示 5.1 厘米、输入 9.0in 表示 9 英寸。所输入的数值在 0.26 ～ 55.87 之间。

2.5.2 设置页边距和页面方向

页边距是页面四周的空白区域，也就是正文与页边界的距离，一般可在页边距内部的可打印区域中插入文字和图形，或页眉、页脚和页码等。

选择纸张就等于固定页面的大小，接着是确定正文所占区域的大小，要固定正文区域大小，实际上就是设置正文到四边页面边界间的区域大小。在设置页边距前，要先计算出页边距的大小。

在这里打开名为【办公用品管理制度】的 Word 文档，进行讲解。

1. 计算页边距

以设置 16 开的纸张，每页为 40 行 ×39 字的版心为例，下面先计算出页边距的大小是多少。下面是一些已知参数：

· 默认情况下，也就是不作特殊要求的情况下，正文字体都使用 5 号宋体，所以其字符跨度为 10.5 磅，行跨度为 15.6 磅。

· 单位统一时，厘米与磅的换算关系是：1 厘米 =28.35 磅。

· 计算版心的公式是：行数 × 跨度 = 纸高 –（上页边距 + 下页边距），上页边距 + 下页边距 = 纸高 –（行数 × 行跨度）。

· 假设上下页边距相等。算出数值后，也可以设置其不相等，一般上页边距要比下页边距大一些。

（1）计算纸张的上、下页边距：

假设上页边距为 X，也就是要求的数值，那么"上页边距 + 下页边距"就是 2X，因此，由版心的公式知：

$x=\dfrac{纸高 - 行数 \times 跨度}{2}$，把已知的数值（16 开的纸型高度为 26 厘米，行跨度为 15.6 磅，1 厘米 =28.35 磅）代入公式，计算得：

$$x = \dfrac{26 - 40 \times \dfrac{15.6}{28.35}}{2} \approx \dfrac{26 - 22.0}{2} \approx 2.0 \,(厘米)$$

（2）再计算纸张的左、右页边距：

假设左页边距为 y，那么"左页边距 + 右页边距"就是 2y，由版心的公式知：

$y=\dfrac{纸高 - 字行数 \times 字符跨度}{2}$，把已知的数值代入公式，计算得：

$$y = \dfrac{18.4 - 39 \times \dfrac{10.5}{28.35}}{2} \approx \dfrac{18.4 - 14.4}{2} \approx 2.0 \,(厘米)$$

可以看到其计算结果都是 2 厘米。

2. 设置页边距

下面进行设置页边距。

（1）单击【布局】菜单选项，在【页面设置】选项面板中，单击右下角的【功能扩展】按钮，打开【页面设置】对话框，单击切换到【页边距】选项卡，如图 2-69 所示。

（2）分别在【页边距】区域中的【上】【下】【左】【右】微调框中输入 2（在输入时最好输入一个小一点的值，因为前面的计算是有误差的），如图 2-70 所示。

在【多页】的下拉列表框中的【对称页边距】选项，表示当双面打印时，正反两面的内外侧边距宽度相等，此时原【页边距】区域下边的【左】【右】微调框分别变为【内侧】【外侧】框，如图 2-71 所示。在这种情况下，左侧页面的页边距是右侧页面的页边距的镜像（即内侧页边距等宽，外侧页边距等宽）。

图 2-69

图 2-70

图 2-71

提示： 如果用户要经常使用该版心，可以单击对话框左下角的【设为默认值】按钮，这样新的默认设置将保存在该文档基于 Normal 的模板中，此后每一个新建文档将自动使用该版式设置。

3. 设置页面方向

设置页面方向的方法就是在【纸张方向】选项组中，选择【纵向】或【横向】即可。

2.5.3　指定每页字数

页面设置的每一个选项卡都是互相关联的，选择了页面大小或设置页边距后，只是基本确定了页面的版式，但如果要精确指定文档的每页所占的字数，如制作稿纸信函，还需要指定每面的字数是多少。

> **提示：** 在 Word 文档中，文档的行与字符叫作【网格】，所以设置页面的行数及每行的字数实际上就是设置文档网格。可以根据编辑文档的类型，选择是否使用绘图网格。编辑普通文档时，宜选择【无网格】单选框。这样能使文档中所有段落样式文字的实际行间距均与其样式中的规定一致。但在排版书稿时，一般都会指定每页的字数。并且编辑图文混排的长文档时，更应选择该项，否则重新打开文档时，会出现图文不在原处的情况。

指定每面字数的方法是：

（1）在【页面设置】对话框中，切换到【文档网格】选项卡。

（2）选中【指定行和字符网格】单选框，如图 2-72 所示。

（3）最后单击【确定】按钮。因为每页的字数都是算好了的，所以选中【指定行和字符网格】单选框后，可以看到行数和列数就是前面计算出来的值。

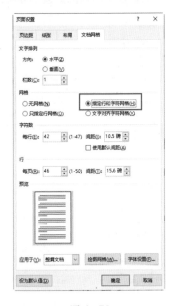

图 2-72

> **提示：** 在【文字排列】的【方向】区域中有两个选项，如果选择【水平】单选框，表示横向排放文档中的文本；如果选择【垂直】单选框，则表示纵向排放文档中的文本。如果单击对话框中的【字体】按钮，可以设置当前整个文档的正文字体。但一般可以通过样式或者在【字体】对话框的【字体】选项卡中设置字体。

2.6 页眉和页脚

页眉是位于上页边距与纸张边缘之间的图形或文字；页脚则是下页边距与纸张边缘之间的图形或文字。

2.6.1 创建页眉和页脚

在 Word 中，页眉和页脚的内容还可以用来生成各种文本，如日期或页码等。

创建一篇文档的页眉和页脚的情况有两种，可以是首次进入页眉和页脚编辑区，也可以是在已有页眉和页脚情况下进入编辑状态。如果是已经存在页眉和页脚的情况下，可以双击页面中顶部或底部页眉或页脚区域，即可快速进入页眉和页脚编辑区。而使用下面的方法，无论是第一次使用页眉和页脚，还是已经存在页眉和页脚，都可以进入页眉和页脚编辑状态。

在这里打开名为【办公用品管理制度】的 Word 文档，进行讲解。

（1）单击【视图】菜单选项，确保文档处于在页面视图下，如图 2-73 所示。

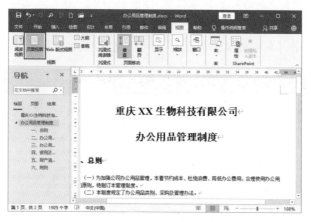

图 2-73

（2）单击【插入】菜单选项，在这里可以找到【页眉和页脚】选项面板，如图 2-74 所示。

图 2-74

（3）单击【页眉】选项按钮，在打开的对话框中单击【编辑页眉】选项，进入页眉编辑状态，在光标处输入【重庆 XX 生物科技有限公司办公用品管理制度】作为页眉标题，如图 2-75 所示。

图 2-75

> **注意：** 进入页眉页脚编辑区后，这时正文部分变成灰色，表示当前不能对正文进行编辑。而在编辑正文的状态下，页眉和页脚呈现灰色状，表示在正文区域中是不能编辑页眉和页脚的内容。

（4）如果单击【转至页脚】按钮，则可切换到页脚编辑状态，如图 2-76 所示。

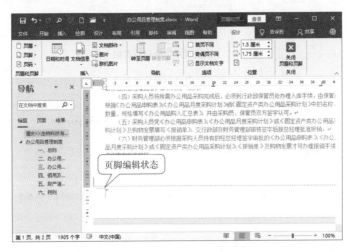

图 2-76

（5）在页眉或页脚中，可以像在正文状态下输入文字或插入图片。不过，插入的图片如果比较大，最好要把图片设置为浮于文字上方或衬于文字下方，并调整其显示大小。

2.6.2 插入页码

页码是文档格式的一部分，编辑文档时往往需要含有页码来区别不同的页，另外，一个文档很长时，可以分为多个文件，因此每个文件的页码设置就很重要。

插入页码的方法是：

（1）在文档中，单击【插入】菜单选项，然后单击【页眉和页脚】选项面板中的【页码】选项按钮，打开页码选项菜单，如图 2-77 所示。在这里选择【页面底端】|【普通数字 1】，如图 2-78 所示。

（2）可以设置页码的位置，有【页面顶端】【页面底端】两种设置。

> **提示：** 如果在【页面设置】对话框的【布局】选项卡中不选中【页眉和页脚】选项组下的【首页不同】复选框，则可在文档的章节首页显示页码，如图 2-79 所示。否则在默认情况下，首页不显示页码。

图 2-77　　　　　　　　图 2-78　　　　　　　　图 2-79

（3）单击【设置页码格式】选项，打开【页码格式】对话框，如图2-80所示。

（4）在【编号格式】下拉列表框中，可以选择插入的页码形式，不但有阿拉伯数字，还有罗马数字Ⅰ、Ⅱ、Ⅲ、Ⅳ和A、B、C等形式，如图2-81所示。在这里选择第二项格式 -1-, -2-, -3-, ...。

（5）【页码编号】中有两个选项：

·【续前节】表示遵循前一节的页码顺序继续编排页码。如果当前文档使用分节符分了两个以上的章节的话，可以使用续前节选项。

·如果文档没有分节，或者分节后不按前面的章节续页码的话，就可以选中【起始页码】单选框，然后输入起始页的页码。

在这里选中【起始页码】，输入【-1-】，然后单击【确定】按钮。

（6）默认状态下，页码靠近左侧对齐。页码的对齐方式设置与普通文本一样，在这里单击【开始】菜单选项，单击【段落】选项面板中的【居中对齐】按钮，使页码居中对齐，如图2-82所示。

图 2-80　　　　　　　　图 2-81

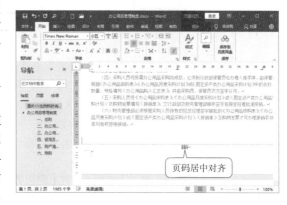

图 2-82

（7）双击工作区任意位置，退出页眉和页脚编辑状态，此时工作区的文本恢复正常显示，如图 2-83 所示。其页眉显示如图 2-84 所示。

图 2-83

图 2-84

> **提示：** 如果要在插入页码前后添加文字，可双击插入的页码，进入【页眉和页脚】编辑状态，然后选择所插入的页码，该页码位于一个无边框线无填充色的图文框中，可在该图文框中的页码前后添加文字，并且，可以把页码移动到文档的任何位置。

2.6.3　设置页眉或页脚高度

进入页眉或页脚区域以后，该区域用一条虚线来表示与正文的区分位置。为了易于区分，下面先看看具体页眉页脚区域划分，如图 2-85 所示。

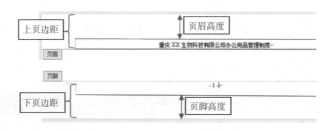

图 2-85

可以看到：页眉高度 = 上页边距 – 页眉文字的高度，页脚高度 = 下页边距 – 页脚文字的高度（正常的 5 号字高度默认为 15.6 磅，即 0.55 厘米）。

调整页眉或页脚区域的高度的方法如下：

（1）选择【布局】菜单选项，单击【页面设置】左下角的【功能扩展】按钮 ⬛，打开【页面设置】对话框。

（2）单击切换到【布局】选项卡。在【距边界】选区中，可以精确地设置页眉或页脚。因为纸张大小和页面版心大小已经确定，所以只需在【页眉】微调框中，输入从纸张上边缘到页眉上边缘之间的所需距离（如 1.45 厘米），再在【页脚】微调框中输入从纸张下边缘到页脚下边缘之间的所需距离（如 1.45 厘米），如图 2-86 所示。

　　许多文档要求页眉或页脚首页、奇数页、偶数页有不同效果，例如首页作为封面、奇数页需要用章名作为页眉、偶数页需要用书名作为页眉。要实现此功能，只需要选中【奇偶页不同】和【首页不同】复选框即可。

> **提示：** 页眉和页脚文字行距的高度会随着其字号的改变而改变，因此设置页眉页脚的高度时，要按照其字号的大小而定。比如一般页眉和页脚的字号为小五号，此时如果使用的页眉和页脚高度分别为 1.45 厘米，而如果页眉和页脚的字号为小二号时，1.45 厘米的页眉页脚高度就不适用了，此时就要减小页眉的高度。

图 2-86

2.7　为文档分节和分栏

　　为了便于对文档进行格式化，可以将文档分割成任意数量的节，然后用户就可以根据需要分别为每节设置不同的格式。而在建立新文档时，Word 将整篇文档认为是一个节。把文档分成若干节后，可以对每个节进行不同的格式设置。例如，要想首页不编页码，而是从第 2 页由【1】开始排页码，应用分节操作就可以实现。

　　而在各种报纸杂志中，分栏版面随处可见，因此，在排版文档时，也可能需要使用分栏排版的操作。在 Word 文档中可以轻易地生成分栏，而且在不同节中可以分成不同的栏数。

2.7.1　插入分节符

　　插入分节符的具体操作步骤是：

　　（1）将鼠标光标放置到需要插入分节符的位置，单击【布局】菜单选项，在【页面设置】选项面板中，单击【分隔符】按钮，打开如图 2-87 所示的【分隔符】下拉菜单。

　　（2）在【分节符】中选择需要的分节符类型，分节符有几种类型和作用：

　　·下一页：插入一个分节符并分页，新节从下一页开始。

　　·连续：插入一个分节符，新节从同一页开始。

　　·奇数页：插入一个分节符，新节从下一个奇数页开始。

　　·偶数页：插入一个分节符，新节从下一个偶数页开始。

　　（3）如选择【下一页】单选按钮，即可在文档中插入分节符，如图 2-88 所示。插入分节符后，只能在【页面视图】、【大纲视图】和【沉浸式阅读器】模式下才可以看到。

图 2-87   图 2-88

2.7.2　改变分节符类型

分节符表示节的结尾插入的标记，使用不同的分节符，可以把文档分成不同的节。因此分节符包含了该节的格式设置，如页边距、页面的方向、页眉和页脚以及页码的顺序。如果在分节后，需要改变文档中分节符类型，可以使用两种方法进行。

第一种方法：选择需要修改的节，选择【布局】菜单选项，单击【页面设置】选项面板右下角的【功能扩展】按钮⊿，打开【页面设置】对话框，切换到【布局】选项卡，在【节的起始位置】下拉列表框中，选择所需的分节符类型，如【新建页】、【新建栏】、【接续本页】和【奇数页】等，可以根据需要选择要更改的分节符类型，如图 2-89 所示。

各分节类型意义如下：

·接续本页：表示不进行分页，紧接前一节排版文本，也就是【连续】的分节符。

·新建栏：表示在下一栏顶端开始打印节中的文本。

·新建页：表示在分节符位置进行分页，并且在下一页顶端开始新节。

·偶数页：表示在下一个偶数页开始新节（常用于在偶数页开始的章节）。

·奇数页：表示在下一个奇数页开始新节（常用于在奇数页开始的章节）。

图 2-89

第二种方法：在【视图】菜单选项下切换到【页面视图】下来查看分节符的类型，然后选定分节符，按键盘上的 Delete 键，把分节符删除。单击【布局】菜单选项，在【页面设置】选项面板中，单击【分隔符】按钮 ⊟ 分隔符·，在打开的【分隔符】下拉菜单选择【分节符】下的插入类型，再重新插入所需的分隔符。

提示： 如果删除一个分节符，那么也同时删除了该分节符前面文本的分节格式。因此，该文本将变成下一节的一部分，并采用下一节的格式。当删除前一节分节符，删除了的分节符又在下一节里出现了。所以，无论是更改或者是删除分节符，都应该从最后一节往前的顺序来删除或更改。

2.7.3 分节后的页面设置

1. 分节后的页面设置

分节后，可以根据需要，为只应用于该节的页面进行设置。由于在没有分节前，Word 自动将整篇文档视为一节，故文档中的节的页面设置，与在整篇文档中的页面设置相同。

一篇文档分节后，每当进行页面设置时，默认都是只改变当前节的页面设置，如要使用分节后的页面设置仍然对整个文档起作用，那么只需在【页面设置】对话框的任意选项卡中，选择【应用于】下拉列表框中的【整篇文档】即可，如图 2-90 所示。

图 2-90

2. 分节后页眉和页脚的设置

分节后可以为该节设置新的页眉或者页脚，而不影响文档中其他部分的页眉和页脚。用户可以为某节页眉或者页脚进行单独或者相同设置，操作步骤如下：

（1）把光标移到该节中，选择【插入】菜单选项，在【页眉和页脚】选项面板中单击【页眉】或【页脚】选项按钮，然后选择【编辑页眉】或【编辑页脚】命令。

（2）在页眉或页脚编辑状态下，重新设置或输入新的页眉和页脚文字即可。

2.7.4 创建页面的分栏

选择【布局】菜单选项下的【页面设置】选项面板里面的【栏】按钮，可以快速实现简易的分栏。这里打开名为【保密管理制度】的 Word 文档进行分栏讲解，可以按照以下操作进行。

（1）选择【布局】菜单选项，单击【页面设置】选项面板中的【栏】按钮，打开【栏】下拉菜单，如图 2-91 所示。

（2）有【一栏】、【两栏】、【三栏】、【偏左】和【偏右】5 种预设分栏格式可以选择。

（3）如果对预设分栏格式不太满意，可以单击【更多栏】选项，打开【栏】对话框，在【栏数】微调框中输入所要分割的栏数，如图 2-92 所示。

（4）如果要使各栏等宽，则选中【栏宽相等】复选框，并在【宽度和间距】选项组中设置各栏的栏宽和间距，否则取消选中【栏宽相等】复选框的选择。

（5）如果要在各栏之间加入分隔线，则选中【分隔线】复选框，如图 2-93 所示。

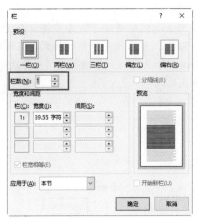

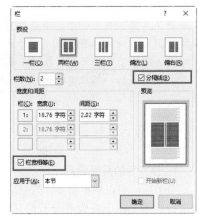

图 2-91　　　　　　　图 2-92　　　　　　　　　　图 2-93

（6）在【应用于】下拉列表框中，选择分栏的范围，如【本节】、【整篇文档】等，在这里选择【整篇文档】。

（7）单击【确定】按钮，即可完成分栏，效果如 2-94 所示。

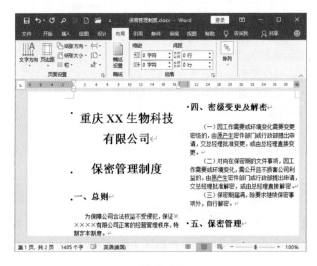

图 2-94

2.7.5　制作跨栏标题

在分栏时，有时候希望文章标题位于所有栏的上面，即标题本身不分栏，这就需要对文档进行分节处理。制作跨栏标题的方法如下：

（1）选中要制作跨栏标题的段落，如图 2-95 左图所示。

（2）选择【布局】菜单选项，单击【页面设置】选项面板中的【栏】按钮，打开【栏】下拉菜单。

（3）选择分栏的格式为【一栏】，即是不分栏。

这时在页面视图中就可以看到使用跨栏标题的情况了，效果如图 2-95 右图所示。

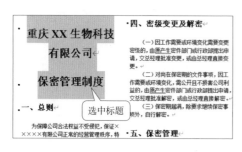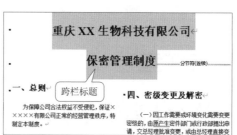

图 2-95

2.7.6　平衡分栏后的段落

在分栏操作中，分栏后的页面各栏长度并不一致，最后一栏可能比较短或没有，如图 2-96 所示，这样版面显得很不美观。

使各栏长度一致的操作方法如下：

（1）把光标移到要平衡栏的文档结尾处，即日期结尾处。

（2）选择【布局】菜单选项，单击【页面设置】选项面板中的【栏】按钮，打开【栏】下拉菜单。

（3）在【分节符】选项组中，选择【连续】项，就可以得到等长栏的效果，如图 2-97 所示。

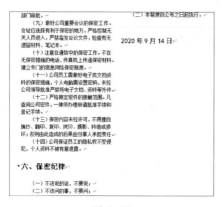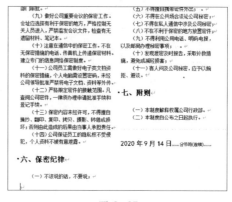

图 2-96　　　　　　　　　　　　图 2-97

第 3 章

Word 高级应用

本章导读

　　掌握 Word 的基本操作，只是初步学会短篇文档的处理方法，当要排版一篇长文档时，往往需要花费较长的时间，而大多数操作几乎是重复的，所以学会处理长篇文档的技巧就很有必要。Word 提供了一系列编辑长文档的功能，使用这些功能，编辑长文档就会得心应手。

　　本章将详细讲解查看与定位，编排表格，图文混排，绘制图形，插入艺术字，样式、模板与目录的应用，修订与保护文件，封面、页眉页脚的设置，文档的打印等内容。

3.1 查看与定位

在排版过程中灵活使用各种工具，可以使工作量减少，如使用定位和页面视图，可以快速定位和查看文档的各个结构框架。

3.1.1 状态栏的作用

Word 窗口下方的状态栏隐含着文档的很多信息，如图 3-1 所示。如果熟悉并了解状态栏里各部分的含义和功能，将会为编辑文档带来很大的便利。

图 3-1

状态栏可以分为 3 个部分，其中最左边部分隐含着文档的页面信息。

· 【共 76 页】：该项可以按用户的设定显示页码；但这里显示的信息是文档中的页码域所反映的页码数值，即编辑者通过插入页码的方式插入的数值。

· 【第 1 页】：窗口中显示的页的节号。

· 【36767 个字】：整篇文档的字数统计。

·阅读视图 、页面视图 、Web 版式视图 :这三个图标可以切换文档的视图模式，当前【页面视图】图标处于灰色块状态，表明文档处于【页面视图】显示模式中。

·状态栏最末端的为文档显示比例，可拖动滑块调节显示大小。

在编辑长篇文档时，这几个信息可以帮助用户迅速判断目前编辑页面所处的位置、视图模式及查看与调整文档显示比例等。

3.1.2 定位文档

使用 Word 的文档定位功能，可以快速地在长篇文档中定位文档的某一位置，如定位某页、某节、某行等。

1. 使用快捷键定位文档

如果在对文档进行排版时，排版篇幅较长的文档，无法一次修改完毕，当再次打开该文档进行修改时，可以按下 Shift+F5 快捷键实现快速定位，迅速找到上次关闭时插入点所在的位置。Word 能够记忆前三次的编辑位置，它使光标在最后编辑过的三个位置间循环，第四次按 Shift + F5 快捷键时插入点会回到当前的编辑位置。

2. 使用菜单定位文档

按下键盘上的 Ctrl+H（或 F5）键，打开【查找和替换】对话框，并切换到【定位】选项卡，如图 3-2 所示。

图 3-2

用户可以按照各种目标进行定位：

（1）在左侧的【定位目标】列表单击要移至的位置类型。

（2）然后在右侧的【输入 XX】文本中输入项目的编号。

（3）单击【下一处】按钮。可以定位的目标项目有页、节、行、书签、脚注、尾注、域、表格、图形、公式、对象和标题 12 种，可以根据需要选择定位的目标。

> **注意：** 如果选择的目标在文档中没有，则定位光标会停留在文档的开始处；如果定位的是页码，而页码大于文档的页码范围，则定位光标会停留在文档的结尾处。

3.1.3 导航窗格的妙用

在页面视图和 Web 版式视图中，可以使用导航窗格方便地了解文档的层次结构，即内置标题样式或大纲级别段落格式（级别从 1 到 9），还可以快速定位长文档，大大加快阅读的时间。

在页面视图中使用导航窗格的方法是：

（1）选择【视图】菜单选项，在【视图】选项面板中单击【页面视图】按钮，并选中【显示】选项面板中的【导航窗格】复选框，如图 3-3 所示。

图 3-3

（2）如要指定跳转至哪一个标题，可以单击【页面视图】下左侧导航窗格的【标题】分类中要指定的地方。并且此标题为突出显示，以指明在文档中的位置，此时 Word 将标题显示于页面上部，如图 3-4 所示。

（3）如果想只显示某个级别下的标题，可在【标题】分类下的标题上单击鼠标右键，在弹出菜单中选择【显示标题级别】选项，然后在子菜单中选择一个选项。例如，选择【显示至标题 2】，可显示 1 至 2 的标题级别，如图 3-5 所示。

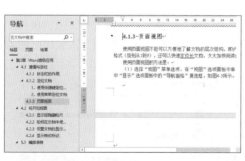

图 3-4

图 3-5

如果要在页面视图中查看文档中的各级标题，必须是标题使用了相应的大纲级别，其大纲级别可以在定义样式时，定义段落的大纲级别，如图 3-5 所示。

·如果要折叠某一标题下的低级标题，则单击标题旁的折叠按钮 ◢。

·如果要显示某一标题下的低级标题（每次一个级
别），则单击标题旁的展开按钮 ▷。

充电：Word 向用户提供了不同的视图方式（阅读
视图、页面视图、Web 版式视图、大纲视图、草稿视图），
它们位于【视图】菜单选项下的【视图】选项面板中，
如图 3-6 所示，它们各具特色，适用于不同情况。

图 3-6

几种视图方式如下。

·页面视图：最经常用的方式，它是直接按照用户设置的页面大小进行显示，其
显示效果与打印效果完全一致，所以平常编辑文档都应该在页面视图下进行。可直接按
Alt+Ctrl+P 快捷键切换到页面视图。如图 3-7 所示为文档处于页面视图中。

·草稿视图：Word 的基本视图方式，该视图方式可以显示文本格式，但简化了页面
的布局，所以可便捷地进行输入和编辑，其显示速度相对较快，并且可以查看文档的分
节符类型等，因而非常适合于文字的录入。但在草稿视图中，不显示页边距、页眉和页脚、
背景、图形对象。可直接按 Alt+Ctrl+N 快捷键切换到草稿视图。单击【视图】选项面板
中的其他任何一种视图图标按钮，就可以退出草稿视图。如图 3-8 所示为文档处于草稿
视图中。

图 3-7

图 3-8

·阅读视图：阅读视图的目的是增加可读性，
它会隐藏除【阅读版式】和【审阅】工具栏以外
的所有工具栏。该视图显示的页面设计是为适合
当前的屏幕，它可以自动增大或减小文本显示区
域的尺寸，而不会影响文档中的字体大小。按 Esc
或 Alt+C，可以退出阅读视图返回到页面视图。
如图 3-9 所示为文档处于阅读视图中。

·大纲视图：按照文档中标题的层次来显示
文档，用户可以折叠文档，只查看主标题，或者
扩展文档，查看整个文档的内容，从而使得用户

图 3-9

查看文档的结构变得十分容易。可直接按下 Alt+Ctrl+O 快捷键切换到大纲视图。单击文档上方的【关闭大纲视图】按钮 ⊠ 可退出大纲视图。如图3-10所示为文档处于草稿视图中。

· Web 版式视图：显示文档在 Web 浏览器中的外观。例如，文档将显示为一个不带分页符的长页，并且文本和表格将自动换行以适应窗口的大小。单击【视图】选项面板中的其他任何一种视图图标按钮，就可以退出 Web 版式视图。如图3-11所示为文档处于 Web 版式视图中。

图 3-10

图 3-11

3.2 编排表格

在使用 Word 的过程中，有时还要对一些文本有规则地排版，因此就要使用表格来处理文本了。

3.2.1 创建表格——物品采购清单

在使用表格前，先要建立表格。下面介绍几种创建表格的方法。

1. 使用【插入表格】对话框创建表格

使用此方法可以快速创建普通表格，操作步骤如下：

（1）将光标定位在文档中要插入表格的位置，然后单击选择【插入】菜单选项的【表格】按钮，在弹出菜单中单击【插入表格】选项命令，打开【插入表格】对话框。如图3-12所示。

（2）在【列数】和【行数】输入框中输入表格的行和列的数量。

（3）单击【确定】按钮，就可以按照填写的数量来创建简单的表格了。

> **提示：** 行数可以创建无数行，但列数的数量介于1～63，若选中【为新表格记忆此尺寸】复选框，则下次打开该对话框时的设置与此次设置相同。

2. 使用 10×8 插入表格创建表格

使用 10×8 插入表格工具可以创建行数为 1～10、列数为 1～8 的表格，其方法是：

（1）将光标定位在文档中要插入表格的空行位置，然后单击选择【插入】菜单选项，单击【表格】选项面板中的【表格】按钮，出现如图 3-13 所示菜单。

（2）将光标放置到图中的表格区域，拖动光标，直到达到想要的行数和列数位置为止，拖动过的区域显示为橙色，在这里插入一个 7×6 的表格，就将鼠标拖动到 7 行和 6 列相交的表格内，如图 3-14 所示。

图 3-12　　　　　　　　　图 3-13　　　　　　　　　图 3-14

此时就在文档中插入了一个如图 3-15 所示的 7×6 空表格。

图 3-15

3. 将已有的文本转换成表格

将表格文字转换为纯文本与将已有的文本转换成表格是一个相反的过程。如果有一段文本，并且文本中已经使用制表符（或空格、逗号）来划分列，以段落标记（回车）来划分行，分别以制表符和逗号来划分列。此时可以将其转换成表格。其操作方法如下：

（1）选定要转换的文本，如图 3-16 所示。

（2）选择【插入】菜单选项，单击【表格】选项面板中的【表格】按钮，在出现的菜单中选择【将文本转换成表格】命令，打开【将文字转换成表格】对话框，如图 3-17 所示。

（3）在【自动调整】操作下面，选中【根据内容调整表格】单选项，在【文字分隔位置】选项组下，选择所需选项，如【制表符】和【逗号】。这些符号是要相对应的。在这里选择以空格来划分列，如图 3-18 所示。

图 3-16　　　　　　　图 3-17　　　　　　　图 3-18

（5）单击【确定】按钮，即可生成一个含有文本的 4×3 表格，如图 3-19 所示。

（6）使用光标调整最后一列的宽度，并将 2 ~ 4 行中的文本字号设置为小五号，首行文本设置为居中对齐，颜色填充为橙色，并在"项目"和"数量"中间插入一个空格。将光标放置于表格内，直到左上角出现带框十字 ⊞，然后将光标放置于十字光标上并按住鼠标左键不放进行拖动，使表格位于文档正中位置为止，效果如图 3-20 所示。

项目	规格（公分）	数量
节能灯	600*600	68 个
板材	100*80	60 张
电热水壶	30*13	11 个

图 3-19

项 目	规格（公分）	数 量
节能灯	600*600	68 个
板材	100*80	60 张
电热水壶	30*13	11 个

图 3-20

（7）将文档保存为"物品采购清单 .docx"。

3.2.2　合并和拆分表格、单元格

合并表格就是把两个或多个表格合并为一个表格，而拆分表格则刚好相反，是把一个表格拆分为两个或两个以上的表格。下面介绍几种常用合并和拆分表格、单元格的方法。

1. 合并和拆分表格

（1）如果要合并上下两个表格，只要删除上下两个表格之间的内容或回车符就可以了。

（2）如要将一个表格拆分为上、下两部分的表格，先将光标置于要拆分成的第二个表格首行前端位置，当光标变为 ➹ 形状时，按 Ctrl+Shift+Enter 快捷键，就可以拆分单元格了，如图 3-21 所示。

拆分前　　　　　　　拆分后

图 3-21

2. 合并和拆分单元格

新建一个 9×7 表格，如图 3-22 所示。

↵	↵	↵	↵	↵	↵	↵	↵
↵	↵	↵	↵	↵	↵	↵	↵
↵	↵	↵	↵	↵	↵	↵	↵
↵	↵	↵	↵	↵	↵	↵	↵
↵	↵	↵	↵	↵	↵	↵	↵

图 3-22

（1）合并首行中的第一和第二个单元格，将其选中，然后单击鼠标右键，在弹出菜单中选择【合并单元格】命令，如图 3-23 所示。效果如图 3-24 所示。

↵		↵	↵	↵	↵	↵	↵
↵	↵	↵	↵	↵	↵	↵	↵
↵	↵	↵	↵	↵	↵	↵	↵
↵	↵	↵	↵	↵	↵	↵	↵
↵	↵	↵	↵	↵	↵	↵	↵

图 3-23　　　　　　　　　　　　　　　图 3-24

（2）拆分单元格。选中第二行中的第一个单元格，然后单击鼠标右键，在弹出菜单中选择【拆分单元格】命令，打开如图 3-25 所示的【拆分单元格】对话框，设置要拆分的行数与列数。在这里设置列数为 3、行数为 2，然后单击【确定】按钮。拆分后的表格如图 3-26 所示。

↵			↵	↵	↵	↵	↵
↵	↵	↵	↵	↵	↵	↵	↵
↵	↵	↵	↵	↵	↵	↵	↵
↵	↵	↵	↵	↵	↵	↵	↵
↵	↵	↵	↵	↵	↵	↵	↵

图 3-25　　　　　　　　　　　　　　　图 3-26

技巧：选中单个单元格的方法是，首先将光标放置于该单元格内，然后按住 Shift 键不放，再按一下键盘上的右方向键即可。

3.2.3　增加、删除单元格

对已制作好的表格，除了可以进行合并和拆分单元格等，还可以对其进行增加、删除行、列单元格，而对这些操作还可以使用不同的方法进行。

1. 使用键盘编辑表格

如果用户想快速编辑表格，那么使用键盘操作表格就相当重要了。下面介绍几种用键盘编辑表格的技巧。

·如果要在表格的后面增加一行，对结尾行来说，首先将光标移到表格最后一个单元格，然后按下 Tab 键。

·如果要在位于文档开始的表格前增加一行文本，可以将光标移到第一行的第一个单元格，然后按 Enter 或 Ctrl+Shift+Enter 键。

·如要删除表格的行或列，可以选择要删除的行或列，然后按 Ctrl+X 键，如果用 Del 键删除则只能删除单元格内的内容。如果按键盘上的回退键 Backspace 来删除所选行或列，那么会弹出如图 3-27 所示【删除单元格】对话框，在里面选择相应选项即可。

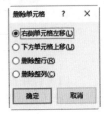

图 3-27

2. 用右键菜单命令插入单元格

用右键菜单命令在表格中增加行或列的操作方法如下。

（1）将光标置于要添加或删除行列的左右单元格内。

（2）单击鼠标右键，在弹出菜单中选择【插入】选项，打开如图 3-28 所示子菜单，执行下述操作之一。

·如选择【在右侧插入列】，则会在光标所在单元格的右侧插入一列单元格，如选择【在左侧插入列】，则会在光标所在单元格的左侧插入一列单元格。

·如果在子菜单中选择【在上方插入行】或【在下方插入行】命令，则在光标所在的单元格上方或下方插入一行单元格。

·如选择【插入单元格】，则可以打开如图 3-29 所示的【插入单元格】对话框。然后在该对话框中，选择插入相应的单元格方式。

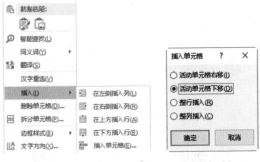

图 3-28　　　　图 3-29

> **技巧：** 对结尾列来说，要在表格的最后一列右边增加一列，可单击最右列的外侧，然后在右键菜单中依次选择【插入】|【在右侧插入列】。而对结尾行来说，可以把光标定位在最后行的最右侧，然后按 Enter 键。

同样，要删除表格中的行或列，也可以选择菜单【表格】中的【删除】命令进行。

3.2.4 设置表格列宽和行高

用户可以根据需要，设置表格的栏宽、列间距与行高等。

1. 用鼠标改变列宽与行高

用户可以用鼠标拖动某一列的左、右边框线来改变列宽，具体操作方法如下：

（1）将光标移到要调整列宽的表格边框线上，使光标变成 ←‖→ 形状。

（2）按住鼠标左键，出现一条垂直的虚线表示改变单元格的大小，如图 3-30 所示，再按住鼠标左键向左或向右拖动，即可改变表格列宽。使用类似的方法，可以设置单元格的行高。

型号	接口	二级缓存 KB	实际主频 MHz	倍频	电压 V	制造工艺 μm
Athlon64 FX-55	Socket 939	1024	2600	12	1.52	0.13
Athlon64 FX-53	Socket 939	1024	2400	12	1.55	0.13
Athlon64 FX-53	Socket 940	1024	2400	12	1.55	0.13
Athlon64 FX-51	Socket 940	1024	2200	11	1.55	0.13
Athlon64 4000+	Socket 939	1024	2400	12	1.5	0.13
Athlon64 3800+	Socket 939	512	2400	12	1.55	0.13

图 3-30

提示：不能直接拖动表格最上面的横线。如果将光标放置于表格最上面的横线上，光标将变为向下的粗箭头↓，此时单击鼠标左键，就可以将对应的列选中。

2. 用【表格属性】命令设置列宽与行高

如果用鼠标右键菜单中的【表格属性】命令来设置表格的列宽，可以设置精确的列宽，具体方法如下：

（1）打开前面创建的【物品采购清单 .docx】。选定需调整宽度的一列或多列，如果只有一列，只需把插入点置于该列中。在这里选择第一列。

（2）单击鼠标右键，在弹出菜单中选择【表格属性】命令，打开【表格属性】对话框，选择【列】选项卡，如图 3-31 所示。

（3）选中【指定宽度】复选框，在后面的文本框中键入指定的列宽"3 厘米"，在【度量单位】中选定单位【厘米】，如要设置其他列的宽度，可以单击【前一列】或【后一列】按钮。最后单击【确定】按钮完成。

图 3-31

（4）同样，选中第一行，在【表格属性】对话框中切换到【行】选项卡，然后选中【指定高度】复选框，在后面的文本框中键入指定的行高，可以精确设置表格行高，如图 3-32 所示。单击【上一行】或【下一行】按钮，继续设置其他行的高度和其他列的宽度。

（5）选中首行，在【表格属性】对话框中切换到【单元格】选项卡，在【垂直对齐方式】下选择【居中】，然后单击【确定】按钮，如图 3-33 所示。最后表格效果如图 3-34 所示。

图 3-32 　　　　　　　　　图 3-33 　　　　　　　　　图 3-34

提示： 如要使多行或多个单元格具有相同的高度，可以先选定这些行或这些单元格，然后选择鼠标右键菜单中的【平均分布各行】命令即可。对于多行，则选择【平均分布各列】即可。

3.2.5 设置表格中的文字方向

　　Word 表格的每个单元格，都可以单独设置文字的方向，丰富了表格的表现力。
　　在表格中设置文字方向方法如下：
　　（1）选中要设置文字方向的表格或表格中的任一单元格。
　　（2）单击鼠标右键菜单中的【文字方向】命令，打开【文字方向 – 表格单元格】对话框。选择一种文字方向后，可以在【预览】窗口中，看到所选方向的式样，如图 3-35 所示。
　　（3）单击【确定】按钮，就可以将选中的方向应用于单元格的文字，选择其中一种文字方向的效果如图 3-36 所示。

图 3-35 　　　　　　　　　　　　　图 3-36

3.2.6 单元格中文字的对齐方式

在 Word 中，利用【开始】菜单选项下的【段落】选项面板中的对齐工具按钮虽然可以设置水平方向的对齐方式，但不能设置垂直方向的对齐方式。而在单元格内输入内容，既需要考虑水平的对齐方式，也要考虑垂直的对齐方式。使用单元格的文字垂直居中就可以解决这个问题，具体设置方法如下：

（1）选中表格中要垂直居中的文本或图片所在单元格。

（2）在【表格属性】对话框的【单元格】选项卡的【垂直对齐方式】选项栏中，可设置【上】【居中】【底端对齐】三种垂直对齐方式，如图 3-37 所示。

（3）在【表格】选项卡的【对齐方式】选项栏里，可设置【左对齐】【居中】【右对齐】这三种水平对齐方式，如图 3-38 所示。

图 3-37

图 3-38

3.2.7 指定文字到表格线的距离

在表格中输入文字之后，默认情况下，文字与表格线是有一定距离的，这个距离也可以由用户来指定，并且在指定时，可以指定整个表格，也可以单独指定任意单元格中文字至表格线的距离。指定文字到表格线的距离是很具有实际应用意义的，比如用户在页眉上使用表格，在表格内键入文字并填充颜色。如果表格的【默认单元格边框】左、右都按默认设置为 0.19 厘米，那么让表格加宽 0.19 厘米可以放下刚好宽度的文字。

指定文字到表格线距离的操作方法如下：

（1）将光标置于表格的任意单元格中，然后在鼠标右键菜单中选择【表格属性】命令。

（2）打开【表格属性】对话框，切换到【表格】选项卡。

（3）单击【选项】按钮，打开【表格选项】对话框，如图 3-39 所示。

（4）在【默认单元格边距】区域中，可以设置整张表格中的每一个单元格中文字至表格线的距离。

（5）如果要单独调整某一个单元格的边框距离，可以切换到【单元格】选项卡，单击【选项】对话框。

（6）清除【与整张表格相同】复选框，然后在【上】【下】【左】【右】微调框中，输入一个数值，如图3-40所示。

图 3-39

图 3-40

3.2.8 表格的表头跨页出现

一个有很多页的表格，如果要让表头重复在每一页的最上面出现。需进行如下操作：

（1）选定要作为表格表头的一行或多行文字，选定内容必须包括表格的第1行。

（2）在鼠标右键菜单中选择【表格属性】命令打开【表格属性】对话框，切换到【行】选项卡，选中【在各页顶端以标题行形式重复出现】复选框即可，如图3-41所示。

> **提示：** Word 允许表格行中文字的跨页拆分，这就可能导致表格内容被拆分到不同的页面上，影响了文档的阅读效果。因此可以使用下面的操作防止表格跨页断行：选定需要处理的表格，打开【表格属性】对话框，切换到【行】选项卡，取消【允许跨页断行】复选框，再单击【确定】按钮。

图 3-41

3.2.9 设置表格的边框与底纹——广场营运管理费表格美化

利用边框、底纹和图形填充功能可以增加表格的特定效果，以美化表格和页面，达到对文档不同部分的兴趣和注意程度。为表格或单元格边框的文本添加底纹的方法与设置段落的填充颜色或纹理填充方法是一样的。

很多用户都习惯用【边框和底纹】对话框来设置表格的边框与底纹，而且很多用户或许还不知道，在【开始】菜单选项中的【段落】选项面板的【边框】按钮，单击其右边的向下箭头，可打开下拉菜单选择相应的按钮来进行设置，这就比在【边框和底纹】对话框中设置要快得多。

具体设置方法如下。

（1）打开"南岸区城市广场营运管理费用.docx"文档，如图 3-42 所示。

（2）选定要设置格式的表格。把光标移到表格的左上角，当表格左上角变成有⊞的标记时，单击即可选定整个表格。如果需要选定某一个单元格，可以将鼠标移到该单元格左边框外，当光标变成➚时，单击可选择单独一个单元格。在这里选定表格首行，使用鼠标右键单击，在弹出的快捷菜单中单击【表格属性】，在打开的【表格属性】对话框的【表格】选项卡中单击【边框和底纹】按钮，打开【边框和底纹】对话框。

（3）在【边框】选项卡的【设置】区域中有 5 个选项，可以用来设置表格四周的边框（边框格式采用当前所选线条的【线型】、【颜色】和【宽度】设置），它们是【无】、【方框】、【阴影】、【三维】和【自定义】这 5 个选项，如图 3-43 所示，可以根据需要选择。

南岸区城市广场营运管理费用

营运管理费用			
序号	明细	金额（元/月）	备注
1	人员工资	258000 元/月	统计见附表①
2	自营部分空调水电费（百货店）	190120 元/月	统计见附表②
3	税费	30000 元/月	
4	宣传推广费	50000 元/月	
5	办公费	10000 元/月	
6	通讯费	5000 元/月	
7	业务招待费	10000 元/月	
8	员工食宿费	50000 元/月	餐标 15 元/人天，住宿标准 100 元/间月
9	社保福利费	258000×2%=30960 元/月	
10	工会费	258000×2%=5160 元/月	
11	保洁费	20000 元/月	
12	设备维护费	10000 元/月	
13	工具及工装费	10000 元/月	
14	房屋保险	10000 元/月	
15	空调水处理	5000 元/月	
16	园林费	5000 元/月	
17	车辆维修和汽油费	10000 元/月	
18	其它开支	10000 元/月	
	合计	712269 元/月	

图 3-42

（4）在【线型】列表框可以选择边框的线型；在【颜色】下拉列表框可以选择表格边框的线条颜色；在【宽度】下拉列表框可以选择表格线的大小。

在这里选择【设置】下的【阴影】，【样式】和【颜色】设置如图 3-44 所示。

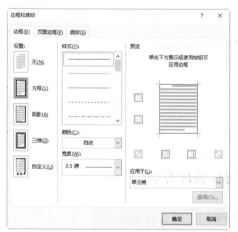

图 3-43

图 3-44

此时首行效果如图 3-45 所示。

（5）单击【预览】选项组的图示四周或使用按钮，可以设置表格边线的上、下、左、右框线是实线或虚线，或

南岸区城市广场营运管理费用

营运管理费用

图 3-45

在选定的单元格中创建斜上框线或斜下框线，作用如图 3-46 所示。

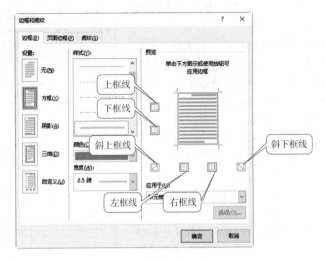

图 3-46

（6）在【应用范围】下拉列表框中设置确定要应用边框类型或底纹格式的范围。

设置表格底纹的方法是：

① 切换到如图 3-47 所示的【底纹】选项卡。

② 在【填充】下边的颜色表中可以选择底纹填充色。

③ 在【图案】选项组中可以选择图案的【样式】和【颜色】选项，要在【应用范围】下拉列表框中设置确定要应用边框类型或底纹格式的范围。

在这里设置填充色为【橙色 个性色 2】，图案的【样式】为【清除】，然后单击【确定】按钮。此时表格首行效果如图 3-48 所示。

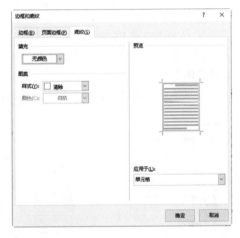

图 3-47

图 3-48

（7）仔细观察一下打开的表格，发现结束行的下框线是虚线，将其填充为实线。选中结束线，单击【开始】菜单选项中的【段落】选项面板中的【边框】按钮 右侧的向下箭头 ，在打开的菜单中选择【下框线】。此时表格结束行的下框线就变成了实线，如图 3-49 所示。

18	其他开支	10000 元/月	
	合计	719259元/月	

图 3-49

（8）新的问题又出现了，线条的颜色和样式与首行的框线一样了。打开【边框和底纹】对话框，重新设置，使其保持与上框线一致，结果如图 3-50 所示。

18	其他开支	10000 元/月	
	合计	719259元/月	

图 3-50

提示：（1）要快速地美化表格的设计，可以单击【表格】选项面板中的【表格】按钮，在打开的下拉菜单中选择【快速表格】命令来实现。如果选中某部分单元格，则选择的命令按钮只对某部分单元格有效，这样可以使任意表格中的单元格实现实线与虚线。

（2）在【边框与底纹】对话框中的【预览】区域单击预览图示中央，可设置行内侧框线是实线或虚线。

3.2.10　在表格中进行简单的计算

在使用 Word 表格时，除要对表格的数据进行行求和计算外，还需要平均和四则运算等复杂计算，Word 都具有这些基本的计算功能。

使用表格的公式求和有两种方法，一种使用自动求和按钮 Σ，利用这个按钮，可以求得光标所在单元格行或列的总和。

下面介绍使用公式的第 2 种方法，也就是使用【布局】菜单选项下的【数据】选项面板中的【公式】按钮 *fx* 的方法。

如要计算如图 3-51 左图所示的各个同学的总分，其计算效果如图 3-51 右图所示。

姓名	政治	英语	数学	语文	物理	化学	合计
黄忠	80	75	76	88	67	95	
赵云	82	72	81	85	82	71	
张飞	87	82	89	70	85	79	
关羽	96	96	95	76	84	95	
魏延	60	80	80	74	86	90	
马超	80	70	70	70	70	60	

姓名	政治	英语	数学	语文	物理	化学	合计
黄忠	80	75	76	88	67	95	481
赵云	82	72	81	85	82	71	473
张飞	87	82	89	70	85	79	492
关羽	96	96	95	76	84	95	542
魏延	60	80	80	74	86	90	470
马超	80	70	70	70	70	60	420

图 3-51

（1）将光标定位到需用公式的单元格中。

（2）单击【布局】菜单选项，在【数据】选项面板中单击【公式】按钮*fx*，打开【公式】对话框，如图 3-52 所示。

　·如果所选单元格位于数字列底部，Word会建议使用【=SUM（ABOVE）】公式，对该单元格上面的各单元格求和。

　·如果所选单元格位于数字行右边，Word会建议使用【=SUM（LEFT）】公式，对该单元格左边的各单元格求和。

图 3-52

（4）在【数字格式】下拉列表框中，选择计算结果的表示格式（例如，结果需要保留两位小数，则选择 0.00）。如果不保留小数，则选择 0 或 0%，在这里选择 0。

（5）单击【确定】按钮，即可在选定的单元格中得到计算的结果。

> **提示：** 如果要计算平均值，则可以从【粘贴函数】下拉列表框中，选择AVERAGE 函数。此外，Word 的计算公式也可用引用单元格的形式，如某单元格 = (A2 + B2)×3 即表示第 1 列的第 2 行加第 2 列的第 2 行然后乘 3，表格中的列数可用 A、B、C、D 等来表示，行数用 1、2、3、4 等来表示。利用函数可使公式更为简单，如 =SUM(A2:A80) 即表示求出从第一列第 2 行到第一列第 80 行之间的数值总和。

3.3　图文混排

在 Word 中可以对计算机图片进行编辑，如调整其亮度、对比度、灰度、着色等处理。在 Word 中可以插入本地电脑中的图片，也可以通过联网下载插入大量丰富的联机图片。

3.3.1　插入图片——蝶恋花

1. 插入联机图片

插入联机图片的操作方法如下：

（1）打开"蝶恋花 .docx"文档，将光标置于要在文档中插入图片的位置，如图 3-53所示。

（2）在【开始】菜单选项中的【段落】选项面板中单击【图片】按钮，在打开的【插入图片来自于】对话框中选择【联机图片】，如图 3-54 所示。

图 3-53　　　　　　　　　　　　　　图 3-54

（2）此时打开了【联机图片】页面，如图 3-55 所示。该页面下又包括【飞机】【动物】【苹果】等 58 个分类。

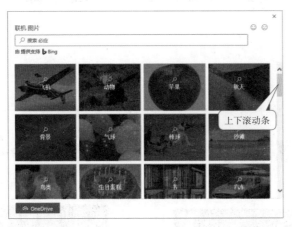

图 3-55

（3）拖动右侧的上下滚动条，找寻自己想要的分类，这里选择【花】，单击进入【花】子页面，如图 3-56 所示。

图 3-56

（4）拖动右侧上下滚动条往下翻，找到与诗词意境相符的图片，如图 3-57 所示。

图 3-57

（5）将光标移动到该图片上，然后单击【插入】按钮，就将图片插入了诗词中光标所在位置，如图 3-58 所示。

（6）单击插入对象底部，选中文字部分，将其删除，最后效果如图 3-59 所示。

图 3-58   图 3-59

（7）将文档另存为"蝶恋花（配图）.docx"，并关闭。

2. 插入本地电脑中的图片

插入本地电脑中的图片的方法如下：

（1）将光标移到要插入图片的位置，选择【插入】菜单选项，在【插图】选项面板单击【图片】按钮，在打开的【插入图片来自于】对话框中选择【此设备】，打开【插入图片】对话框，如图 3-60 所示。

图 3-60

（2）选定要打开的文件，然后单击【打开】按钮，即可把图片插到文档中。

3.3.2　设置图片样式

图片的样式是指图片的形状、边框、阴影、柔化边缘等效果，设置图片的样式时，可以直接应用程序中预设的样式，也可以对图片样式进行自定义设置。接下来图文详解 Word2019 文档中设置图片样式的方法。

在文档中插入图片之后，就可以对图片的格式进行必要的设置和排版。

下面举例来说明。

（1）打开前面编辑的"蝶恋花（配图）.docx"，使用鼠标右键单击图片，选择【设置对象格式】命令选项，如图 3-61 所示。

（2）此时在文档工作区右侧就会弹出【设置图片格式】浮动面板，如图 3-62 所示。

在图 3-62 中可以看到，【设置图片格式】浮动面板里面有四组选项，分别可以设置图像的【填充与线条】、【效果】、【布局属性】和【图片】。限于篇幅，这里不做详细介绍。

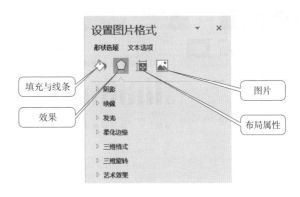

图 3-61　　　　　　　　　　　　图 3-62

【格式】菜单选项在设置图片格式方面的应用如下。

1. 应用预设图片样式

Word 2019 预设了大量的图片样式，用户可以选择满意的图片样式，然后将其应用于指定的图片。

（1）选择"蝶恋花（配图）.docx"中要编辑的图片，单击【格式】菜单选项下的【图片样式】选项面板中的快翻按钮，如图 3-63 所示。

（2）接着在展开的列表中选择合适的图片样式，如图 3-64 所示。在这里选择【映像圆角矩形】样式。

图 3-63

（3）经过以上操作，就为图片应用了预设图片样式，效果如图 3-65 所示。

图 3-64

图 3-65

2. 自定义设置图片样式

自定义设置图片样式时，可以通过调整图片边框、图片效果两个选项进行设置，其中图片效果包括阴影、映像、发光、柔化边缘、棱台、三维旋转六个选项。

（1）继续选中前面打开文档中的图片，设置图片边框颜色。切换至【格式】菜单选项，单击【图片样式】组中【图片边框】右侧的向下箭头▼，在展开的列表中单击【标准色】区域内的【蓝色 个性色1】选项，如图 3-66 所示。

（2）设置边框宽度。再次单击【图片边框】右侧的向下箭头▼，在展开的列表中单击【粗细 >6磅】选项，如图 3-67 所示。

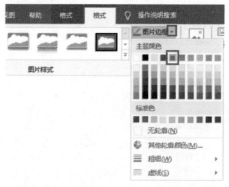

图 3-66

图 3-67

（3）为图片添加阴影。选中图片，单击【图片样式】选项面板中的【图片效果】按钮，在展开的列表中单击【阴影】下的【外部】组中的【偏移：中】选项，如图 3-68 所示。

（4）设置图片棱台效果。选中图片，再次单击【图片效果】按钮，在展开的列表中单击【棱台】下的【棱台】组中的【圆形】选项，如图 3-69 所示。

经过以上操作，就完成了图片样式的自定义设置，效果如图 3-70 所示。

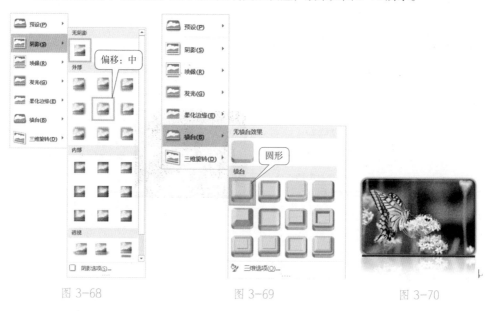

图 3-68　　　　　　　　　图 3-69　　　　　　　　　图 3-70

3.3.3　设置图片在文档中混排

设置图片在文档中混排的方法有两种，其中一种是使用【格式】菜单选项的【排列】选项面板工具栏中的【环绕文字】按钮，在弹出的菜单中选择一种方式，可以快速设置图文混排方式。

下面介绍另一种方法，弹出菜单都是一样的。

（1）用鼠标右键单击所选图片，在打开的快捷菜单中选择【环绕文字】命令，打开弹出菜单，如图 3-71 所示。

（2）在菜单中选择一种环绕方式，这里选择【四周型】，重新编排一下文字，整个文档效果如图 3-72 所示。

图片在文档中的各种混排形式有如下特点：

·对于【嵌入型】的图片，可以像移动文字内容一样，使用【复制】的方法来移动。

·对于【四周型】【紧密型环绕】【穿越型环绕】【衬于文字下方】【浮于文字上方】的图片，可以直接用鼠标拖动图片，从而调整图片的位置。但当插入的图片是位图时，【四周型】与【紧密型】的效果是相同的。

图 3-71   图 3-72

3.3.4　使用文本框

在 Word 中，文本框可以像图形对象一样使用，这就是说，可放置在页面上并调整其大小。利用文本框可以更好地处理文本，并能更好地利用新的图形效果。

在文本框中，可以像处理一个新页面一样来处理文字，如设置文字的方向、格式化文字、设置段落格式等。文本框有两种，一种是横排文本框，另一种是竖排文本框，它们没有什么本质上的区别，只是文本方向不一样而已。

下面以插入横向文本框为例，介绍文本框的使用：

（1）单击【插入】菜单选项下的【文本】选项面板中的【文本框】按钮，打开【内置】面板，如图 3-73 所示。

（2）单击选择一种文本框类型，在这里选择【简单文本框】，然后在文档中像绘制基本图形一样，单击要插入的文本框位置，拖动鼠标绘制文本框，到适当大小后松开鼠标即可。

（3）接下来可以在文本框中输入文字，或者插入图片等。

（4）如果要在横排和竖排文本框中改变文字的方向，可以先选中要更改文字方向的文本框，然后单击【格式】菜单选项下的【文本】选项面板中的【文字方向】按钮，在弹出面板中，选择所需的文字方向类型即可，如图 3-74 所示。此时也可以单击【文字方向选项】命令，打开【文字方向 – 文本框】对话框进行设置，如图 3-75 所示。

图 3-73　　　　图 3-74　　　　图 3-75

（5）插入的文本框，用户可以像处理图形对象一样来处理，如可以与别的图形组合叠放，可以设置三维效果、阴影、边框类型和颜色、填充颜色和背景、内部边距等。

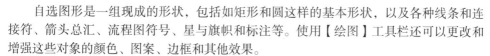

技巧： 文本框具有链接功能，就是把两个以上的文本框链接在一起，不管它们的位置相差多远，如果文字在上一个文本框中排满，则在链接的下一个文本框中接着排下去，但横排文本框与竖排文本框之间不能创建链接。实现此功能的方法是，创建多个空文本框，并选中第一个文本框，单击【格式】选项菜单中的【文本】选项面板中的【创建链接】按钮，此时鼠标变成形状，把鼠标移到空文本框上面单击鼠标左键即可创建链接。如果要结束文本框的链接，只需按 Esc 键即可。

3.4　绘制图形

自选图形是一组现成的形状，包括如矩形和圆这样的基本形状，以及各种线条和连接符、箭头总汇、流程图符号、星与旗帜和标注等。使用【绘图】工具栏还可以更改和增强这些对象的颜色、图案、边框和其他效果。

绘制好自选图形以后，用户可以任意改变自选图形的形状，也可以重新调整图形的大小，也可以对其进行旋转、翻转或添加颜色等，还可与其他图形组合为更复杂的图形。

3.4.1　绘制形状

使用 Word 时，经常需要用户自己绘制各种图形。通过【插入】菜单选项下的【形状】工具按钮绘制所需的图形，如线条、连接符、基本形状、流程图元素、星与旗帜、标注等。

绘制图形的基本操作步骤如下。

（1）选择【插入】菜单选项，单击【插图】选项面板中的【形状】按钮🗔，显示【形状】面板，如图3-76所示。

（2）选择需要的集合，当鼠标变成十字形后，按下鼠标拖动，到达适当位置后松开鼠标，就可以绘制出相应的图形。下面是一些基本的绘图技巧：

· 按住 Alt 键移动或拖动对象时，可以精确地调整大小或位置。

· 按住 Shift 键移动对象时，对象按垂直或水平方向移动。

· 按住 Ctrl 键拖动对象时，对象在两个方向上对称地放大或缩小。

· 同时按住 Ctrl 键和 Shift 键移动对象，可以在垂直或水平方向复制对象。

· 同时按住 Alt 键和 Shift 键移动对象，可以在垂直或水平方向精确调整大小或位置。

· 如果用户用鼠标双击某个自选图形工具按钮，就可以多次使用该工具，而不用每次使用它时都要单击这个工具按钮。

图 3-76

绘制完成一个图形后，该图形呈选定状态，其四周出现几个小圆点，称为顶点；在图形的内部出现一个黄色的小棱形，称为控制点。当鼠标移动到控制点上时，光标就会变成▷形状，拖动鼠标可以改变自选图形的形状，如图3-77所示。

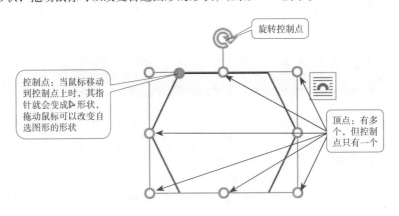

图 3-77

3.4.2 为形状添加文字

在 Word 中，可以为插入的图形对象添加文字，这些文字附加在对象之上并可以随图形一起移动。如果绘制的是标注图形，在绘制完毕后，会自动显示一个文本框让用户输入文字。为其他图形对象添加文字的方法如下。

（1）用鼠标右键单击要添加文字的图形对象。

（2）在弹出的快捷菜单中，选择【编辑文字】命令，如图 3-78 所示。此时，所选的自选图形就会显示一个输入文字的文本框。

（3）在文本框中输入需要的文字，如图 3-79 所示，并与在正文中一样，可对字体、字号等进行设置。

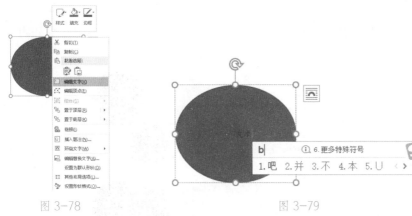

图 3-78 图 3-79

3.4.3 组合图形对象

组合图形对象就是指将绘制的多个图形对象组合在一起，以便把它们作为一个新的整体对象来移动或更改。组合图形对象的操作步骤如下。

（1）按住 Shift 键，使用鼠标逐个单击选择要组合的图形对象，此时，被选定的每个图形对象周围都出现句柄，表明它们是独立的，如图 3-80 所示。

（2）单击【格式】菜单选项中的【排列】选项面板中的【组合】按钮，然后在弹出面板中单击【组合】命令，选中的图形对象就被组合在一起成为一个整体，如图 3-81 所示。

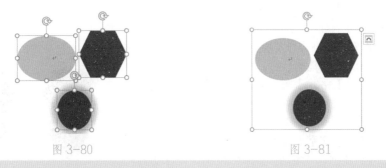

图 3-80 图 3-81

提示：将多个图形对象组合之后，再次选定组合后的对象，就会发现它们只有一个句柄了。如果要想取消它们的组合，则需要选择【排列】选项面板中的【组合】按钮弹出面板中的【取消组合】命令。

3.4.4　对齐和排列图形对象

如果靠使用鼠标来移动图形对象，很难使多个图形对象排列整齐。在【格式】菜单选项的【排列】选项面板中提供了快速对齐图形对象的命令。

排列和对齐图形操作步骤如下：

（1）选择要排列的图形对象，单击【格式】菜单选项的【排列】选项面板中的【对齐】按钮，在弹出的菜单中选择对齐方式，如图 3-82 所示。

（2）在这里选择【底端对齐】命令。图 3-83 上边为对齐前的效果，下边为底端对齐效果。

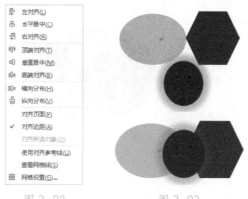

图 3-82　　　　　　　　　　图 3-83

3.4.5　叠放图形对象

插入到文档中的图形对象可以把它们像纸一样叠放在一起。对象叠放时，可以看到叠放的顺序，即上面的对象部分地遮盖了下面的对象。如果遮盖了叠放中的某个对象，可以按 Tab 键向前循环或者按 Shift+Tab 键向后循环直至选定该对象。

在 Word 中，可以使用【格式】菜单选项中的【排列】选项面板的【上移一层】按钮或【下移一层】按钮，来安排图形对象的层叠次序。

具体操作步骤如下：

（1）选定要重新安排层叠次序的图形，如果该图形对象被完全遮盖在其他图形的下方，可按 Tab 键循环选定。

（2）单击【格式】菜单选项中的【排列】选项面板的【上移一层】按钮或【下移一层】按钮，从弹出菜单中选择所需要的命令。分别有【上移一层】、【下移一层】、【浮于文字上方】、【衬于文字下方】、【置于顶层】、【置于底层】等，在这里选择【置于底层】命令。图 3-84 中的左图为原图，右图为将原图中的最下面的图形置于底层后的效果。

图 3-84

3.4.6　改变图形的颜色、轮廓颜色和三维效果

选定图形后，可按以下方法设置图形的颜色、轮廓颜色和三维效果。

（1）单击【格式】菜单选项的【形状样式】面板右上角的【形状填充】按钮，则弹出一个填充颜色面板，可以从中选择一种图形的填充色，如图 3-85 所示。

（2）单击【格式】菜单选项的【形状样式】面板右上角的【形状轮廓】按钮，则弹出一个填充颜色面板，可以从中选择一种图形轮廓的填充色，如图 3-86 所示。

（3）单击【格式】菜单选项的【形状样式】面板右上角的【形状效果】按钮，则弹出一个效果裂变面板，可以从中选择一种效果对图形进行填充，如图 3-87 所示。图 3-88 列举了几种效果应用的图示。

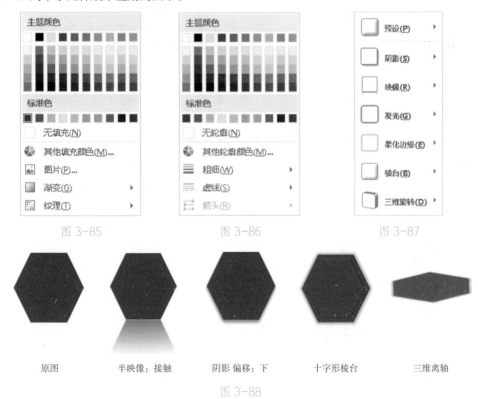

图 3-85　　　　　　图 3-86　　　　　　图 3-87

原图　　　半映像：接触　　　阴影 偏移：下　　　十字形棱台　　　三维离轴

图 3-88

3.5　插入艺术字

所谓艺术字，就是能满足一定艺术效果的字体。Word 提供有专门制作艺术字的功能。

此外，用户可创建的艺术字还可以是带阴影的、斜体的、旋转的和延伸的，或符合

预定形状的文字，而且还可用【格式】工具栏上的按钮来改变艺术字效果。

本节重点讲解艺术字的插入方法，至于艺术字的格式设置，与普通文本格式设置方法一样。

插入艺术字的操作步骤如下：

（1）把插入点移到要插入艺术字的位置。

（2）单击【插入】菜单选项中的【文本】选项面板中的【艺术字】按钮 ▲。

（3）在弹出的面板中选择一种艺术字样式，如图 3-89 所示。在这里选择第五种样式。

（4）此时出现【请在此放置您的文字】文本框，如图 3-90 所示。

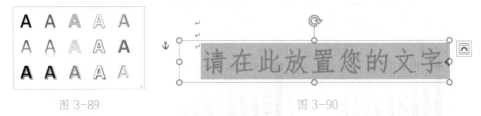

图 3-89   图 3-90

（5）在文本框中输入艺术字的文字，按回车键可以输入多行，如图 3-91 所示。

此时可以在工作区右侧的【设置形状格式】浮动面板中设置所输入文本的填充、文本轮廓的填充、文字效果、布局属性，如图 3-92 所示。

图 3-91   图 3-92

（6）单击文本框以外的任意位置，艺术字效果如图 3-93 所示。

寰宇国际艺术中心
中国总部↵

图 3-93

3.6　制作集团员工手册：样式、模板与目录

　　在编排一篇长文档或一本书时，需要对许多的文字和段落进行相同的排版工作，如果只是利用字体格式编排和段落格式编排功能，不但很费时间，让人厌烦，更重要的是，很难使文档格式一直保持一致。使用样式可以帮助用户确保格式编排的一致性，从而减少许多重复的操作，并且还能让用户不需重新设定文本格式，就可快速更新一个文档的设计，在短时间内排出高质量的文档。

　　在本章接下来的内容中，将以"集团员工手册 .docx"文档内容为基础进行讲解。

　　首先将鼠标光标置于"集团员工手册"中的"第一部分　企业文化"标题上，这是标题 1。

3.6.1　如何使用样式

　　样式是系统自带的或由用户自定义的一系列排版格式的总和，包括字体、段落、制表位和边距等。一篇文档中常包含各种标题，如果每排一个标题都执行多次相同的命令，那将增加很多重复操作，而有了 Word 中的样式功能，就可以简化排版操作，加快排版速度。而且样式与标题、目录都有着密切的关系。

　　创建一个新文档时，如果没有使用指定模板，Word 将使用默认的 Normal.dotm 模板，当前的模板（或任何 Word 的模板）即便用户没有创建过任何样式，其也有很多的内置样式。

　　Word 本身自带的这些样式，称为内置样式，如标题样式中的【标题 1】、【标题 2】等，【正文】样式中的【正文首行缩进】等都是内置样式。

　　注意： 用户可以创建新的样式，称为自定义样式。内置样式和自定义样式都可以进行修改，它们在使用和修改时没有任何区别。但是用户只可以删除自定义样式，却不能删除内置样式。可以定义快捷键，以提高效率。同样用快捷键使用样式时，也要先选定使用段落样式的段落。只要光标定位在要使用样式的段落中任何位置，再按所定义的快捷键就行了。

　　不管是自定义样式还是内置样式，使用时都可以用以下几种方法：

　　·在文档中单击【开始】菜单选项中的【样式】选项面板中的【其他】按钮，然后在弹出的下拉列表框中，选择其中的一个段落样式即可，如图 3-94 所示。

　　·在文档中单击【开始】菜单选项中的【样式】选项面板中的【功能扩展】按钮，打开【样式】任务窗格，选中当前光标所在段落的样式名，如图 3-95 所示。单击要使用的样式，即可把该

图 3-94

样式应用到光标所在的段落。

　　·使用快捷键可以快速使用样式。默认情况下，Word 内置样式的快捷键如下。

　　　◇ 按快捷键 Ctrl+Shift+N 使用正文样式。

　　　◇ 按快捷键 Ctrl+Alt+1 使用标题 1 样式。

　　　◇ 按快捷键 Ctrl+Alt+2 使用标题 2 样式。

　　　◇ 按快捷键 Ctrl+Alt+3 使用标题 3 样式。

> **注意：** 在【样式】任务窗格中，有的样式带有符号 **a**，而有的样式带有符号 **↵**。带有 **a** 符号的为字符样式，它提供字符的字体、字号、字符间距和特殊效果等。字符样式仅作用于段落中选定的字符。不选中字符是无法应用的。如果需要突出段落中的部分字符，就可以定义和使用字符样式。带 **↵** 符号的是段落样式。段落样式包括字体、制表位、边框、段落格式等。应用段落样式时，不需要选中整个段落，只需把光标放在该段中的任何位置即可。

图 3-95

3.6.2　新建样式

　　如果用户不想更改原有的样式，而又想使用一种需要的样式，此时就可以创建一些新样式。一般创建的都是段落样式，如果需要，也可以创建字符样式。

　　下面以创建段落样式为例，介绍新建样式的方法。

　　（1）单击【开始】菜单选项中的【样式】选项面板中的【功能扩展】按钮⬏，打开【样式】任务窗格，如图 3-96 所示。

　　（2）单击【新建样式】按钮，打开【根据格式化创建新样式】对话框，如图 3-97 所示。

　　（3）在【名称】文本框内输入新建样式的名称，如输入【新标题 1】。这个名称可以任意命名，但一般最好用与该段落意义相近的名称，如图注和说明文字就用【图注】或【题注】等，但该名称不能与内置样式同名。

　　（4）在【样式类型】下拉列表框中，选择样式的类型，一般选择的是【段落】选项，如果需要新建的是字符样式，则可以选择【字符】选项。

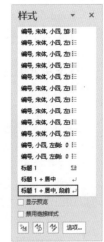

图 3-96

> **提示：** 如果是修改已有样式，则无法使用此选项，因为不能更改原有样式类型。在这里一定要选择【段落】样式类型。如果新建的是【字符样式】，则不能设置【段落】、【图文框】、【编号】和【制表位】等格式，并且不能设置该样式自动更新。

（5）在【样式基准】下拉列表框中，选择一种样式作为基准。默认情况下，显示的是【正文】样式。

（6）在【后续段落样式】下拉列表框中，为所创建的样式指定后续段落样式。后续段落样式指应用该样式的段落下一段的默认段落样式。通常情况下都选正文样式。

（7）单击【格式】按钮，可以选择【字体】、【段落】和【快捷键】等，如图 3-98 所示。【段落】、【制表位】和【边框】等定义格式，方法与普通的格式设置方法一样。

图 3-97

图 3-98

（8）使用样式的目的本来就是为了快速设置文档的格式，因此，就需要为其定义快捷键。而且熟练使用快捷键是提高 Word 操作的捷径。选择了【快捷键】命令后，打开【自定义键盘】对话框，如图 3-99 所示。

（9）把光标定在【请按新快捷键】列表框中，然后按需要的按键（一般要使用三个键以上，以免快捷键重复），如在键盘上同时按下 Ctrl 和数字 1 键，那么该输入框中就显示为 Ctrl+1，如图 3-100 所示。

图 3-99

图 3-100

（10）单击【指定】按钮，这时指定的快捷键将出现在【当前快捷键】列表框中。单击【关闭】按钮，返回到【根据格式化创建新样式】对话框继续其他操作。

（11）在【根据格式化创建新样式】对话框中还有两个复选框。选中【基于该模板的新文档】复选框可以在此后新建的 Word 文档中，都出现该样式。如果选中【自动更新】复选框，则无论何时用户将人工格式应用于设置的此样式的任何段落，都自动重新定义该样式。

（12）单击【确定】按钮，即建立了一个名为【新标题 1】的样式。

3.6.3 修改样式

应用了一个样式之后，可能需要对其中的某些属性进行修改，无论是内置样式还是用户创建的样式，都可以进行修改，一般是利用【样式】对话框进行修改。

（1）单击【开始】菜单选项中的【样式】选项面板中的【功能扩展】按钮，打开【样式】任务窗格。

（2）选择要进行修改的样式，这里选择【新标题 1】，使用鼠标右键单击，在弹出菜单中选择【修改】，打开【修改样式】对话框，如图 3-101 所示。

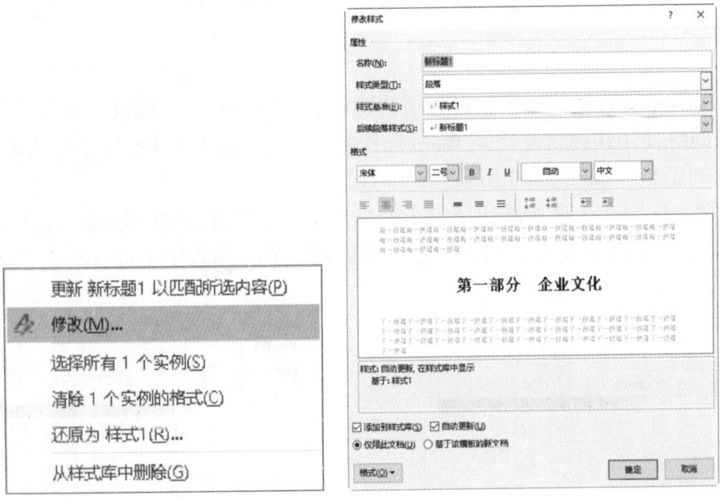

图 3-101

（3）单击【格式】按钮，打开一个菜单，可以选择【字体】、【段落】、【制表位】、【边框】等定义格式进行更改，在这里选择【段落】，在弹出的【段落】对话框中，按照图 3-102 所示进行设置。此后的操作就与新建样式的操作一样了。

图 3-102

提示：如果是自定义的样式，可以在【名称】文本框内更改样式名。如果是 Word 的内置样式，则已有样式名不能被删掉，只能在已有样式名后加备注。

3.6.4　删除样式

如果不再需要使用某个样式，可以将其从文件的样式列表中删除。

1. 在【样式】任务窗格删除样式

在【样式】任务窗格删除样式的方法如下：

（1）单击【开始】菜单选项中的【样式】选项面板中的【功能扩展】按钮，打开【样式】任务窗格。

（2）在【样式】列表中，将鼠标光标置于要删除的样式上，然后单击右边的下拉箭头，选择【删除】或【从样式库中删除】命令即可，如图 3-103 所示。

图 3-103

提示：如果选择的是内置样式，则无法将其从【样式】列表中删除，此时【删除】按钮将变为灰度显示，如图 3-104 所示。此外，如果删除了用户创建的段落样式，Word 将把正文样式应用于所有用该样式设置格式的段落。

图 3-104

2. 在样式管理器中删除样式

在【管理样式】对话框中，可以删除当前文档中的样式，也可以删除 Word 模板中的样式，方法如下。

（1）单击【开始】菜单选项中的【样式】选项面板中的【功能扩展】按钮，打开【样式】任务窗格。

（2）单击【管理样式】按钮，打开【管理样式】对话框，如图 3-105 所示。

（3）在【选择要编辑的样式】列表框中，选择要删除的样式，单击【删除】按钮，再单击【确定】按钮即可。

图 3-105

3.6.5　标题样式与目录的关系

　　默认情况下，Word 是利用标题级别来创建目录的。因此，在创建目录之前，应确保希望出现在目录中的标题应用了内置的标题样式。Word 的内置样式定义有标题 1 到标题 9 这些标题，用户只要使用这些样式，就可以轻松地生成目录了。

　　如果文档的结构性能比较好，创建出有条理的目录就会变得非常简单快速。当然，如果不使用内置样式，也可以在新建样式中，定义段落的大纲级别。比如用户在新建一个名为【题目】的样式时，定义段落的大纲级别为 2 级，如图 3-106 所示。

　　那么在生成目录时，可以生成同级（2 级）的目录。不过在生成目录时，需要选择相应的显示级别，如图 3-107 所示。

图 3-106

图 3-107

　　当定义样式的大纲级别为【2 级】时，其生成的目录也为 2 级标题的目录。而且在大纲视图或者页面视图中，都可以看到其标题的级别。

3.6.6　样式与模板的关系

　　在 Word 中，每一篇文档都是在模板的基础上建立的。模板是一类特殊性的文档，它可以提供完成最终文档所需的基本工具。模板的文件后缀名为 .dot。用户在使用 Word 的过程中，时刻都在使用模板，Word 2019 默认使用的模板是（Normal.dotm）。

　　对于 Windows 10 来说，模板文件保存在 C：\Users\Administrator\AppData\Roaming\Microsoft\Templates 目录下。如果在这个目录下没法找到模板文件，可以使用 Windows 的搜索办法。在【搜索】的文件名中键入【*.dotm】，然后单击【搜索】按钮，就会查找到当前路径的所有模板文件。

（2）通过单击【文件】|【属性】命令，然后选择【详细信息】选项卡，可以查看当前文档所使用的模板，如图 3-108 所示。不用说，一般文档都是使用当前系统中的 Normal.dotm 模板加载文档的，但也允许用户指定加载（导入）其他模板。

（3）Normal.dotm 模板，只是一个空白文档的模板，在该模板只是加载了一些样式、自动图文集、宏、快捷键等不可见的内容。真正的模板是由很多样式组合而成，是一种预先设置好的特殊文档，提供了最终文档外观的框架。这些框架内容可以是填写好固定名称、只要留下相应位置填写内容的文档。这些框架内容包括页眉、页脚、图形、样式、自动图文集、宏、页面与版心大小、菜单命令的快捷键等。

图 3-108

例如 Word 中就自带有许多具有上述的这种具有文档外观的框架的模板，使用它们的方法，请参见本书 1.3.3 的内容。

如果模板不适合使用，也可以随意地建立模板。只需新建一个文档，然后在文档中输入需要的内容，再另存为后缀名为 .dotm 的文件名即可。而且，如果你想此后每新建的文档都使用这个模板来启动，你只需把此模板文件命名为 Normal.dotm，并保存在 C:\WINDOWS\Application Data\Microsoft\Templates 的目录下，也就是覆盖原系统中的模板文件即可。

由上述可知，样式与模板的关系是：样式只是模板中一项加载的内容，是模板的一个缩影，而模板涵盖的内容和范围更广，内容更多、更全面。

3.6.7 保存文档的模板

我们总会遇到一些情况，如必须重新安装 Office 或者重装系统的情况，此后，Word 以前的设置将会随之失效。那么我们如何保存模板呢？

1. 备份 Normal.dotm 模板

系统中的模板其实已经存在，我们只需将其模板文件 Normal.dotm 备份，重装时再用其覆盖相应的文件即可（该文件位于 Word 安装目录的 Template 下），该文件保存了以前定义的模板内容。

另外，如果遇到无法激活或启动 Word 的状况，可以试试下列方法来排除故障：先关闭 Word，再做下面的动作，做完后重新启动 Windows，再启动 Word。

可以在 C:\Users\Administrator\AppData\Roaming\Microsoft\Templates 的目录中，找到（Normal.dotm）文档，然后把其删除或更名，当删除了原来的模板文档，重新启动 Word 后，Word 就以不加载任何用户设的内容重新创建一个模板，也就是以默认情况下启动 Word，这样可以解决 Word 在加载一些选项时启动出现的问题。

2. 保存模板

当用户为自己定制了一套"合身"的模板后，那么，怎么才能把当前活动文档保存

为模板文件，并且可以让其他文档
使用该模板的样式？方法很简单：

（1）在当前活动文档中，单
击菜单中的【文件】【另存为】命令，
或者按快捷键 F12，打开【另存为】
对话框。

（2）在【保存类型】下拉框中，
选择【启用宏的 Word 模板(*.dotm)】
项，此时该文件会自动选择保存到
C:\Users\Administrator\Documents\ 自
定义 Office 模板目录下，如图 3-109
所示。

（3）在【文件名】文本框中，
输入模板名称，但不能与当前的活
动模板同名。

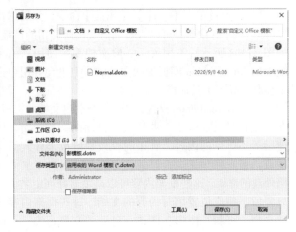

图 3-109

（4）单击【保存】按钮即可。当用户在【管理器】中打开【模板文件】对话框时可
以查看所保存的模板文件。

> **提示：** 如果一个公司的文档有许多不同的模板，那么可以在【模板】对话框
> 中设置自己的选项卡。方法是在 Templates 目录中创建一个新目录，然后把这些不
> 同模板放入该文件夹中。此后，在【模板】对话框中，就可以看到对话框中自己建
> 立的选项卡了。

3.6.8　改变文档的模板

在要改变模板前，需要有一个准备用来改
变的模板，如另外一个用户提供的模板。

在这里介绍一种称为覆盖式的方法来改变
模板。

覆盖式改变模板就是把要更改的模板命名
为 Normal.dot（与系统的模板名称相同），并把
它放到 C:\Users\Administrator\AppData\Roaming\
Microsoft\Templates（系统中的模板路径）目
录下，此时系统会弹出如图 3-110 所示的对话
框，选择【替换目标中的文件】就可以了。不
过在覆盖系统的模板前，要关闭 Word，而且建
议要备份原来的模板。

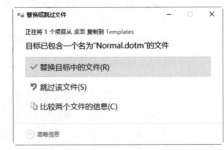

图 3-110

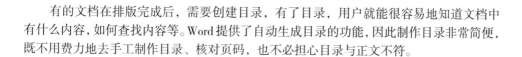

3.7 制作集团员工手册：目录的创建

有的文档在排版完成后，需要创建目录，有了目录，用户就能很容易地知道文档中有什么内容，如何查找内容等。Word 提供了自动生成目录的功能，因此制作目录非常简便，既不用费力地去手工制作目录、核对页码，也不必担心目录与正文不符。

3.7.1 全面检查与修改目录样式

在制作目录之前，首先检查一下所有的目录样式，在这里要提取"集团员工手册"中的 1 ~ 3 级目录，所以在提取之前要再次检查一下对应的目录样式设置是否存在问题，并进行修改。

检查中发现，应用的标题样式存在如下问题：

（1）文档缺少了标题 2 样式，而是采用标题 3 样式来代替的。如果要提取 3 级目录，也不会存在问题，但是提取目录时会发现，标题 3 样式对应的目录与标题 1 对应的目录相比，缩进了 4 个字符。正常情况下上下相邻的两个目录之间应该是相差两个字符的缩进位置，如果要手动调节缩进位置将会非常麻烦。

（2）原本要用来作为目录的第 3 级样式，却被设置为了标题 5。并且有的地方使用标题 3 的样式代替标题 5，而这两个级别的目录在文档中原本是同一个标题级别，显得非常混乱。

如图 3-111 所示。

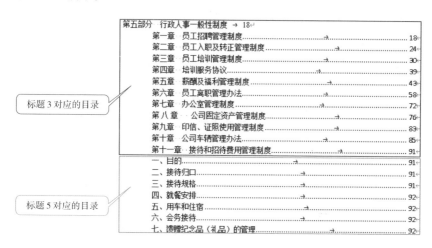

图 3-111

那么该如何处理呢？

解决办法是对所有的标题 3 重新应用标题 2 样式，并在应用前将标题 2 的样式修改为与标题 3 的样式（段落间距、缩进、字体、字号等）一致；将标题 3 的样式修改为与标题 5 的样式（段落间距、缩进、字体、字号等）一致。

为了节约时间，将标题 2 样式设置快捷键【Ctrl+2】，再借用导航窗口，逐个单击标题 3，使用【Ctrl+2】快捷键重新应用样式。

同样，将标题 3 样式设置快捷键【Ctrl+3】，再借用导航窗口，逐个单击标题 5，使用【Ctrl+3】快捷键重新应用样式。

标题 2 的段落间距设置如图 3-112 所示，对齐方式为居中，首行缩进为【无】；标题 3 的段落间距设置如图 3-113 所示，对齐方式为【两端对齐】，首行缩进为【2 字符】。

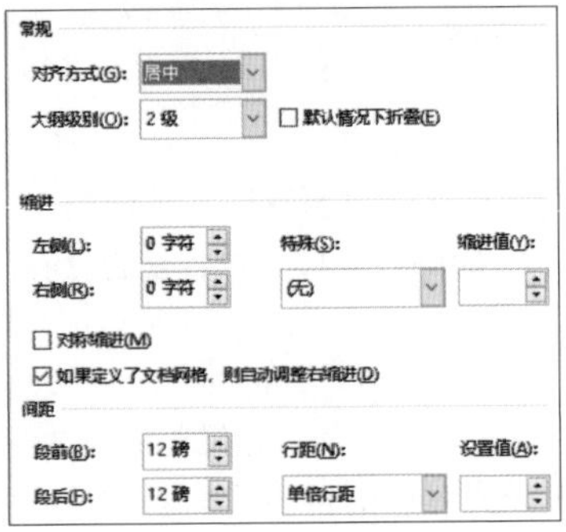

图 3-112 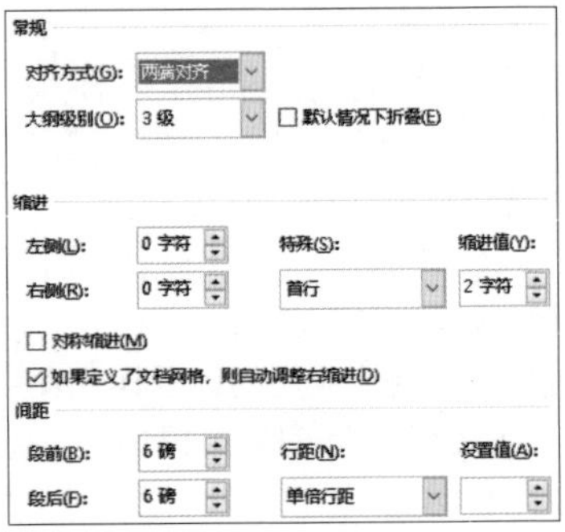   图 3-113

标题 2 的文本格式设置如图 3-114 所示，标题 3 的文本格式设置如图 3-115 所示。

图 3-114   图 3-115

3.7.2 从标题样式创建目录

下面先介绍从标题样式创建目录的方法。

（1）把光标移到要插入目录的位置，一般是创建在该文档的开头或者结尾。在这里要做一下准备工作。将光标放置于 1 级标题【前言】文本前，按 Ctrl+Enter 组合键插入一个分页符，此时光标将跟随文本跳到下一页，向上滚动鼠标滚轮，将光标置于分页符符号末尾处，如图 3-116 所示。

图 3-116

输入文本【目录】并按 Enter 键自动换行，并对齐应用【新标题 1】的样式。然后对空行应用【文本】样式，并将光标置于空行处。

（2）选择【引用】菜单选项，单击【目录】选项面板中的【目录】按钮，打开【内置】目录菜单，如图 3-117 所示。

（3）选择【自定义目录】，打开【目录】对话框，如图 3-118 所示。

图 3-117   图 3-118

❶ 在【格式】下拉列表框中，选择目录的风格，如【古典】、【优雅】等，默认是选择【来自模板】选项，表示使用内置的目录样式（目录 1 到目录 9）来创建目录，如图 3-119 所示。

> **提示：** 如果要改变目录的样式，可以单击【修改】按钮，不过只有选择【来自模板】选项时，【修改】按钮才有效。

❷ 如果要在目录中每个标题后面显示页码，应选择【显示页码】复选框，本次将其选择上。

❸ 如果选中【页码右对齐】复选框，则可以让页码右对齐，默认是选中该项的。

❹ 在【显示级别】列表框中指定目录中显示的标题层次，一般目录只显示到 3 级，本次不做改动。

❺ 在【制表符前导符】列表框中指定标题与页码之间的制表位分隔符，本次不做更改。

（8）单击【确定】按钮，即可按照文档的标题样式生成一个目录，如图 3-120 所示（部分显示）。

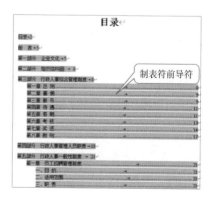

图 3-119   图 3-120

提示：一篇文本一般都分为很多章，每一章是一个文档，此时要把每一章都单独生成目录，然后把所有的目录复制到一个新文档中去，再把几个文档的目录合成在一起，整篇文本的完整目录就自动生成了，但这样的缺点是不能自动更新目录。

此时会发现一个问题，文档中 1 级目录没有制表符前导符出现。原因在于，我们在前面的【目录】对话框的【格式】中选择了【来自模板】选项，这个选项对应生成的目录中的 1 级标题不包含制表符前导符。

接下来重新打开【目录】对话框，在制表符前导符下拉列表框中按照图 3–121 进行选择，在【格式】中选择【正文】选项，单击【确定】按钮，此时出现一个如图 3–122 所示的提示对话框，单击【确定】按钮。

（9）此时新生成的目录如图 3–123 所示（部分显示）。

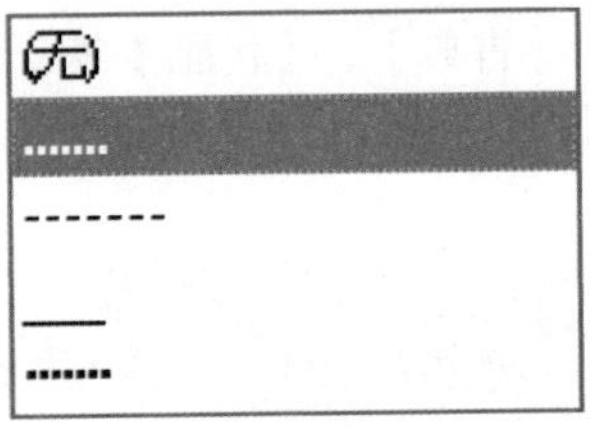

图 3–121

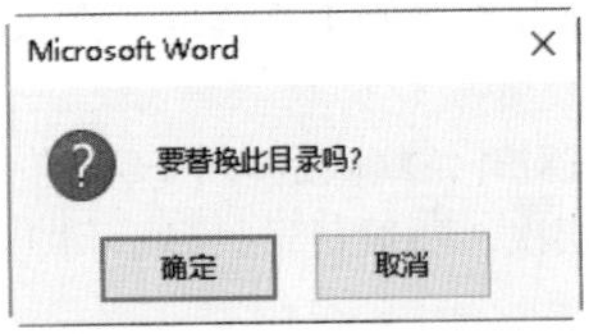

图 3–122

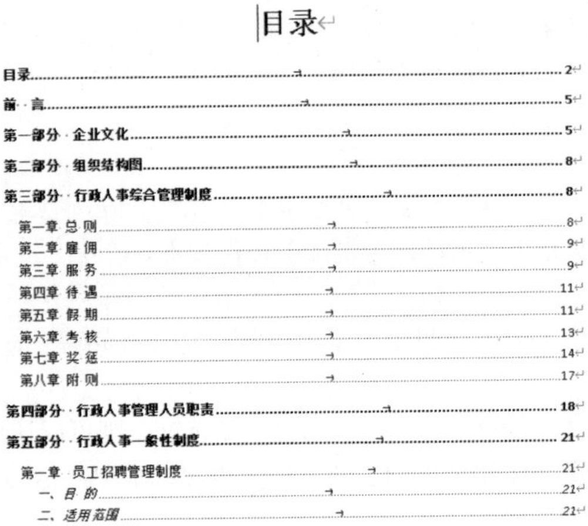

目录

目录……2
前言……5
第一部分 企业文化……5
第二部分 组织结构图……8
第三部分 行政人事综合管理制度……8
第一章 总则……8
第二章 雇佣……9
第三章 服务……9
第四章 待遇……11
第五章 假期……11
第六章 考核……13
第七章 奖惩……14
第八章 附则……17
第四部分 行政人事管理人员职责……18
第五部分 行政人事一般性制度……21
第一章 员工招聘管理制度……21
一、目的……21
二、适用范围……21

图 3–123

（10）由于提取的目录中将标题【目录】也同时提取出来了，在这里将生成的目录中的【目录】文本一行删除。然后将文档保存为“集团员工手册 – 修订 .docx”，将其关闭。

3.7.3 从其他样式创建目录

也许有的用户会问，如果用的不是 Word 内置样式，那么还能自动生成目录吗？

答案当然是可以，例如要根据自定义的【图称】样式来创建目录，操作步骤如下：

（1）在【目录】选项卡中，单击【选项】按钮，打开【目录选项】对话框，如图 3–124 所示。

（2）在【有效样式】列表框中，把不需要生成目录的其他样式清除掉。并找到使用的样式名称，即【图称】样式，然后在【目录级别】列表框中，指定这些样式的目录级别，如 2 级，如图 3–125 所示。

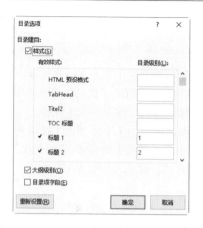

图 3-124

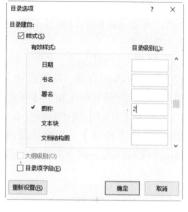

图 3-125

注意：如果选中【目录项域】复选框，表示不用样式，或除用样式外，用目录项域创建目录。清除【样式】复选框可只用目录项域创建目录。并且当仅使用自定义样式时，要删除内置样式的目录级别数。

（3）单击【确定】按钮，返回到【目录】对话框。在【目录】对话框中，再选择其他选项。

（4）单击【确定】按钮，Word 就会以指定的样式建立目录，如图 3-126 所示。

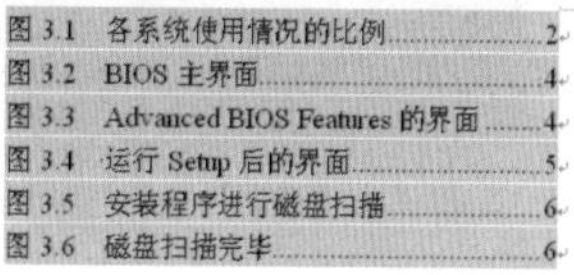
图 3.1 各系统使用情况的比例......2
图 3.2 BIOS 主界面......4
图 3.3 Advanced BIOS Features 的界面......4
图 3.4 运行 Setup 后的界面......5
图 3.5 安装程序进行磁盘扫描......6
图 3.6 磁盘扫描完毕......6

图 3-126

3.7.4 解决目录打印的错误

利用 Word 的自动生成目录功能，可以把 Word 文档的目录层次结构方便地做成目录，不但方便快捷，还会与原来文档一致。但是如果把生成的目录复制到【目录】的文档中（也就是将目录复制粘贴到新文档中进行保存）去，等到打印时往往发现打印的结果在目录后面出现【错误！未定义书签】，如图 3-127 所示。

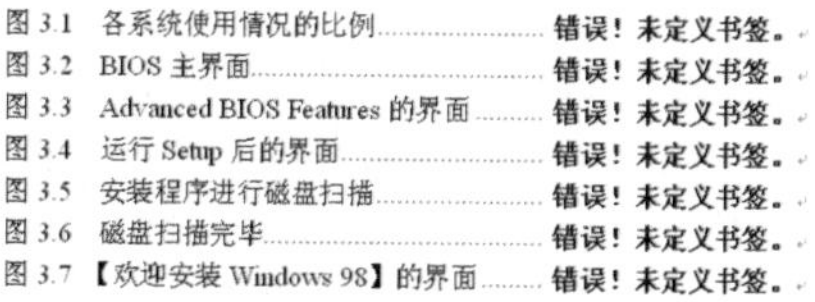
图 3.1 各系统使用情况的比例......错误！未定义书签。
图 3.2 BIOS 主界面......错误！未定义书签。
图 3.3 Advanced BIOS Features 的界面......错误！未定义书签。
图 3.4 运行 Setup 后的界面......错误！未定义书签。
图 3.5 安装程序进行磁盘扫描......错误！未定义书签。
图 3.6 磁盘扫描完毕......错误！未定义书签。
图 3.7 【欢迎安装 Windows 98】的界面......错误！未定义书签。

图 3-127

提示：出现这种情况，是因为目录是一个域，与原稿中的标题建立了一个超级链接。如果这个目录文档能够与原稿文件相链接，就不会出现此种情况，因为把目录新建在一个文档中了，而在打印时一般会自动更新域，这就是为什么在打印时会出现这种情况，而不打印时还会正常显示页码。但是如果更新域，同样会出错。要正确打印就要先取消目录与原稿的链接，这样就可以打印了。

此时，很多人只好人工把页码加进去，这实在是太麻烦了。其实解决这个问题的方法很简单，就是只需取消目录与文档的链接即可。

具体操作是：

（1）打开"目录.docx"文档，按 Ctrl+A 快捷键，全部选中整个文档的目录。

（2）按 Ctrl+9 组合键，取消所选文本的超级链接功能。取消了目录的超级链接以后，目录的字符就会出现下划线和字体变成一种超级链接的蓝色，如图 3-128 所示。

（3）单击【开始】菜单选项下的【字体】选项面板中的【字体颜色】按钮 A，在弹出面板中选择【自动】，把字体改成黑色，再单击【下划线】按钮 U 应用两次，或者按 Ctrl+U 快捷键两次，把下划线去掉就变成一个正常的目录了，如图 3-129 所示。

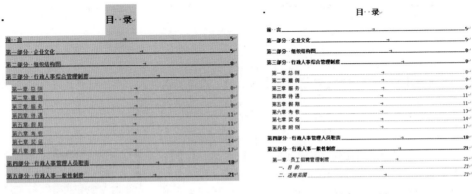

图 3-128   图 3-129

此时再进行打印，就不会出现【错误！未定义书签！】的现象了。

3.7.5　更改目录前导符

制作成目录并取消域链接后，有时候要更换页码前导符，方法如下：

（1）生成的目录并用 Ctrl+9 快捷键取消域链接后，选择要更改前导符的内容，然后使用鼠标右键单击，在弹出菜单中选择【段落】选项。

（2）在打开的【段落】对话框中单击底部的【制表位】，打开【制表位】对话框，如图 3-130 所示。

（3）在【引导符】选项组中，选择需要的制表符，如选择 4。

（4）单击【确定】按钮返回到文档中。此时目录就会变成如图 3-131 所示。

充电：制表位是指在水平标尺上的位置，指定文字缩进的距离或一栏文字开始之处。Word 中默认的制表位是 2 个字符。使用制表位能够向左、向右或居中对齐文本行，或将文本与小数字符或竖线字符对齐。也可在制表符前自动插入特定字符，如句号或划线。设置制表位的对齐方式的方法有两种，一是使用刚才讲解到的【制表位】对话框的【对齐】方式进行精确设置，如图 3-132 所示；二是利用文档的标尺进行设置。

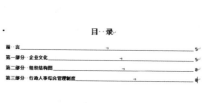

图 3-130 图 3-131 图 3-132

3.8 修订与保护文件

一篇文稿有时需要多人合作才能完成，在 Word 中写完的文稿，可以将其直接传送给审阅人进行审查，审查人员可以对文稿进行必要的修订或加上适当的批注，当再次返还时，可以查看审阅人对该文稿所做的修订与批注，并决定是否接受这些修订。

3.8.1 修订和更改

打开需要进行修订更改的文稿后，在【审阅】菜单选项中的【修订】和【更改】选项面板中，可以对文稿进行修订和更改操作。在对文稿进行修订时，每一个修订动作将被 Word 记录下来，当文稿传给下一位审阅人时，就可看到文稿中的修订意见。

修订和更改文稿的操作方法如下：

（1）在"集团员工手册 - 修订 .docx"文档中，跳转到"第三部分 行政人事综合管理制度"的"第二章 雇 佣"位置。

（2）单击【审阅】菜单选项，找到【修订】选项面板，如图 3-133 所示。单击【修订】按钮，激活【修订】功能。

（3）单击【显示以供审阅】图标右侧的向下箭头，在下拉菜单中选择【所有标记】，如图 3-134 所示。

（4）单击【审阅窗格】按钮，在工作区左侧打开【修订】任务窗格。

（5）此时就可对文稿进行修改了。修改后将会在文稿左侧的【修订】任务窗格看到修改过的文字内容，如图 3-135 所示。

图 3-133

图 3-134 图 3-135

91

（6）当文件修订完后，可单击【更改】选项面板中的【接受】按钮，接受所选修订内容。若要快速接受或拒绝某个修订者的所有修订内容，只需选择【接受】下拉菜单中的【接受所有修订】选项或【拒绝】下拉菜单中的【拒绝所有修订】选项即可，如图 3-136 所示。

图 3-136

3.8.2　插入与修改批注

在 Word 中不仅可以直接对文稿进行修订，还可以在适当的地方以批注的方式加上必要的说明。

插入与修改批注的方法如下：

选择需要加入批注的文字内容，并单击【审阅】菜单选项下的【批注】选项面板中的【新建批注】按钮，插入批注框，如图 3-137 所示。在批注框中输入批注内容即可。

图 3-137

3.8.3　自定批注与修订框的大小与颜色

如果对系统默认的批注与修订框大小和颜色不满意，可对其进行修改。

（1）单击【修订】选项面板右下角的【功能扩展】按钮，打开【修订选项】对话框，如图 3-138 所示。

（2）单击【高级选项】按钮，打开【高级修订选项】对话框，在该对话框中可以自定批注与修订的各项参数，如图 3-139 所示。

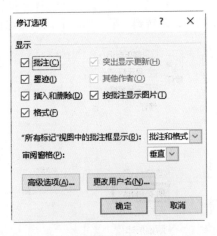

图 3-138

图 3-139

　　插入批注后，如果想要修改批注内容，只需在想要修改的批注框中单击鼠标左键，当批注框中出现插入点后即可修改批注内容；如果想要删除批注，可在需要删除的批注框中单击鼠标右键，在弹出的菜单中选择【删除批注】命令即可。

3.8.4　保护文档

1. 保护与取消文档保护

　　如果不想让别人随意编辑修改您建立的 Word 文档，则可以利用 Word 的【保护文档】功能来限制文件的编辑方式，以免产生不必要的麻烦。下面就来为您分别介绍如何为文档设置格式限制和编辑限制。

　　（1）在打开的"集团员工手册 – 修订 .docx"文档中，单击【审阅】菜单选项下的【保护】选项面板中的【限制编辑】按钮，打开【限制编辑】浮动面板，如图 3–140 所示。

　　（2）在浮动面板中勾选【限制对选定的样式设置格式】复选框，并单击【设置】超链接，打开【格式设置限制】对话框，如图 3–141 所示。

　　（3）在打开的【格式设置限制】对话框中取消勾选需要限制的标题样式，单击【确定】按钮，在弹出的询问对话框中单击【否】按钮，返回 Word 主界面，如图 3–142 所示。

图 3–140　　　　　　　　　図 3–141　　　　　　　　　　　图 3–142

　　（4）在浮动面板中单击【是，启动强制保护】按钮，打开【启动强制保护】对话框，在【新密码】文本框中输入新密码，并在【确认新密码】文本框中重新输入一遍密码以进行确认，在本例中为文档设置的保护密码为"666666"，最后单击【确定】按钮，为文档启动强制保护，如图 3–143 所示。

　　（5）设置完保护后，单击【保护文档】窗格中的【有效样式】超链接，您会发现刚才对文档中启动限制保护的样式不再在有效样式中出现了，这样别人就无法在该文档中套用被限制的样式了，如图 3–144 所示。

　　（6）如果想取消保护限制，只用在【限制编辑】浮动面板中单击【停止保护】按钮，在打开的【取消保护文档】对话框中输入先前设置的保护密码即可，如图 3–145 所示。

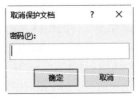

图 3-143　　　　　　　图 3-144　　　　　　　图 3-145

2. 编辑限制

除了可以对 Word 文档中的文字格式进行保护限制外，还可对文档进行编辑限制，下面，就来介绍如何为文档设置编辑限制。

设置编辑限制的步骤如下：

（1）在打开的"集团员工手册 – 修订 .docx"文档中，单击【审阅】菜单选项下的【保护】选项面板中的【限制编辑】按钮 ，打开【限制编辑】浮动面板。

（2）勾选【仅允许在文档中进行此类型的编辑】复选框，并在编辑限制下拉选框中选择一种编辑方式，在本例中选择【批注】编辑方式，如图 3-146 所示。

编辑限制共有四种方式。当选择【修订】时，则只能对文稿进行修订更改；当选择【批注】时，则只能对文稿加入批注；当选择【填写窗体】时，则只能在文稿的窗体中输入文字；当选择【不允许任何更改】时，则只能阅读该文稿，而不能对文稿作任何修改操作。

（3）设置好编辑保护类型后，单击【是，启动强制保护】按钮，在弹出的【启动强制保护】对话框中输入密码并进行密码确认，在本例中输入的保护密码为"666666"，单击【确定】按钮，为文档启动强制保护，如图 3-147 所示。

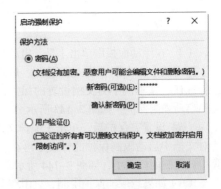

图 3-146　　　　　　　　　　　　　　　图 3-147

设置完后，则只能在该文稿中插入批注，而不能以其他方式对文稿进行编辑修改。

接下来完善"集团员工手册 – 修订 .docx"文档的剩余工作：制作封面，插入页眉与页脚。

3.9.1 设置封面

操作步骤如下：

（1）按 Ctrl+Home 快捷键快速跳转到文档的首页，也就是将要作为手册封面的当前页。

（2）将光标置于文本"行政人事部制"的结尾处，选择【布局】菜单选项，在【页面设置】选项面板中单击【分隔符】按钮，在弹出菜单中选择【分节符】选项组中的【下一页】选项，如图 3-148 所示。

（3）此时在首页结尾处就插入了一个分节符，如图 3-149 所示。

图 3-148   图 3-149

（4）选中下一页的空行和分页符标志，将其删除，如图 3-150 所示。

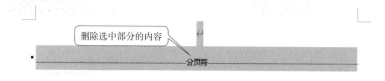

图 3-150

（5）将光标置于首页空白处，单击【布局】菜单选项中的【页面设置】选项面板右

下角的【功能扩展】按钮□，打开【页面设置】
对话框，将【页边距】选项卡中的【页边距】
栏下的参数全部置为 0，将【布局】选项卡
中的【跨边界】栏中的参数也设置为 0，如
图 3-151 和 3-152 所示。此时首页显示如
图 3-153 所示。

图 3-151 图 3-152

（6）将光标置于页面首行位置，单
击【插入】菜单选项，单击【插图】选项
面板中的【图片】按钮□，在弹出菜单中选择【此设备】，打开的【插入图片】对话框
中选择"第 3 章"文件夹下的"封面.jpg"文件，然后单击【插入】按钮将其插入首页中，
如图 3-154 所示。

图 3-153 图 3-154

（7）此时首页效果如图 3-155 所示。右键单击插入的图片，在弹出菜单中选择【大
小和位置】选项，在打开的【布局】对话框中切换到【文字环绕】选项卡中，单击选择【环
绕方式】栏中的【衬于文字下方】选项，然后单击【确定】按钮关闭对话框，此时首页
效果如图 3-156 所示。

控制点

图 3-155 图 3-156

（8）拖动图片控制点，使其正好铺满整个首页，如图 3-157 所示。

（9）选中"员工手册"文本，将其字体设置为【华文琥珀】，字号为【初号】，取消加粗，此时封面效果如图 3-158 所示。

（10）将光标置于"员"文本前，按 Enter 键插入一个空行，再重新调整一下图片。到此为止，封面就制作完成了，最后的效果如图 3-159 所示。

图 3-157　　　　　图 3-158　　　　　图 3-159

3.9.2　插入页眉和页脚

操作步骤如下：

（1）将光标移至第 2 页中间位置，选择【布局】菜单选项，单击【页面设置】选项面板右下角的【功能扩展】按钮，在打开的【页面设置】对话框中切换到【布局】选项卡，单击选择【页眉和页脚】栏中的【首页不同】选项，然后单击【确定】按钮关闭对话框，如图 3-160 所示。

（2）选择【插入】菜单选项，单击【页眉和页脚】选项面板中的【页眉】选项按钮，在打开的对话框中单击【编辑页眉】选项，进入页眉编辑状态，在光标处输入"北京汉彩集团有限公司员工手册"作为页眉标题，并设置其【字体】为【宋体】，字号为【小五】，如图 3-161 所示。然后单击【关闭页眉和页脚】按钮。

（3）单击【页眉和页脚】选项面板中的【页码】选项按钮，在弹出菜单中选择【设置页码格式】选项，打开【设置页码】对话框，按照图 3-162 所示进行设置。

到此为止，整个员工手册就算是基本制作完成了。还有最后的校对工作没有完成。记得将其保存一下。

图 3-160   图 3-161   图 3-162

3.10 制作集团员工手册：拼写和语法校对

在编辑文件时，拼写和语法检查校对功能可以帮助检查文档中单字有误的地方，并提供更改为正确的选项，以节省核对的时间。

操作步骤如下：

（1）选择【审阅】菜单选项，单击【校对】选项面板中的【拼写和语法】按钮，在文档右侧会弹出一个【校对】浮动面板，如图 3-163 所示。

（2）在校对时如果发现了问题，会在正文相应文本处以红色下划线标记提醒，如果不做修改，则单击浮动面板中的【忽略】继续校对操作。

（3）将红色下划线文本进行修改后，单击浮动面板中的【继续】按钮，如图 3-164 所示，继续校对操作。

图 3-163   图 3-164

3.11 统计文件的字数

文章编辑完成后，Word 提供的字数统计功能，让您不需要自己数，即可知道文章的字数。

统计字数的操作方法如下：

（1）仍然以"集团员工手册 – 修订 .docx"为例，单击【审阅】菜单选项下的【校对】选项面板中的【字数统计】按钮，打开【字数统计】对话框，在这里就可以看到整个文档的页数、字数、段落数、行数等统计信息了，如图 3-165 所示。

（2）如果要统计某一部分内容包含的字数，则选中该部分内容，如选中文档中"第一部分　企业文化"中的全部内容（含标题），执行步骤（1）中的操作，则弹出如图 3-166 所示对话框，显示该部分内容包含的页数、字数、段落数、行数等统计信息。

最后记得将文档保存。

字数统计 ? ×	字数统计 ? ×
统计信息：	统计信息：
页数 107	页数 4
字数 50,556	字数 1,165
字符数(不计空格) 52,067	字符数(不计空格) 1,165
字符数(计空格) 54,049	字符数(计空格) 1,188
段落数 2,397	段落数 61
行 4,400	行 63
非中文单词 1,439	非中文单词 0
中文字符和朝鲜语单词 49,117	中文字符和朝鲜语单词 1,165
□ 包括文本框、脚注和尾注(F)	□ 包括文本框、脚注和尾注(F)
关闭	关闭

图 3-165　　　　　图 3-166

3.12 打印文档

文档的排版与打印是密不可分的。对文章或书籍进行排版，是为了得到一个较美观的打印效果。Word 打印效果与安装的打印字库、打印机、打印页面、版心等情况有关。

使用下述的方法都可以打开【打印】对话框。

（1）选择【文件】|【打印】命令或按 Ctrl+P，打开【打印】界面，如图 3-167 所示。

（2）在【打印机】下拉列表中选择打印机（安装多台打印机才能进行选择）。

（3）在【设置】选项组下拉列表中可以选择打印的指定范围，如图 3-168

图 3-167

所示。

有如下几个选项：

· 打印所有页：打印整篇文档。

· 打印当前页面：打印光标所在页。如果当前选定了多页，则会打印其中的第一页。

· 打印选定区域：只打印当前所选内容。如果未选定内容，则无法使用该项。

· 自定义打印范围：单击此选项，可以在【页数】中输入页码范围，如图 3-169 所示。

· 仅打印奇数页或仅打印偶数页：如要只打印奇数页或偶数页，可在列表的【文档信息】下选择【仅打印奇数页】或【仅打印偶数页】。如果在列表中单击了除【文档】以外的其他内容，则无法使用此列表。

（4）设置单面或双面打印。

· 选择【打印】中的【单面打印】，则在输出打印时，在纸张上进行单面打印。

· 单击【打印】中的【单面打印】右侧的向下箭头▼，在弹出菜单中选择【手动打印】，如果使用的不是双面打印机，此选项可以在纸张的两面上打印文档。打印完一面后，Word 会提示用户将纸张按背面方向打印重新装回纸盒。

图 3-168

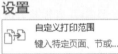

图 3-169

（5）份数：设置要打印多少份文档。

（6）在【纵向】或【横向】下拉列表中，可以选择在打印时在纸张上是【纵向】还是【横向】打印。

（7）A4：单击【A4】右侧的向下箭头▼，在弹出列表中可以选择要用于打印文档的纸张类型。例如，可通过缩小字体和图形大小，指定将 B4 大小的文档打印到 A4 纸型上。此功能类似于复印机的缩小／放大功能。

（8）选择好之后，单击左上角的【打印】按钮，就开始打印了。

3.13 Word 高级技巧

3.13.1 Word 怎么让英文自动换行

有时候会发现文本显示不均衡，造成页面显示效果很差，如图 3-170 所示，怎么调回正常的自动换行？

操作步骤如下：

（1）选择相应的文本内容，然后使用鼠标右键单击，在弹出的菜单中选择【段落】

命令。

（2）在打开的【段落】对话框中切换到【中文版式】选项卡中，选中【允许西文单词中间换行】，如图 3-171 所示。

此时文本就会正常显示了，如图 3-172 所示。

对于 Windows 10 来说，模板文件保存在 X:\Documents and Settings\Administrator\Application Data\Microsoft\Templates目录下。如果在这个目录下没法找到模板文件，可以使用Windows的搜索办法。在【搜索】的文件名中键入"*.dot"，然后单击【搜索】按钮，就会查找到当前路径的所有模板文件。

图 3-170

图 3-171

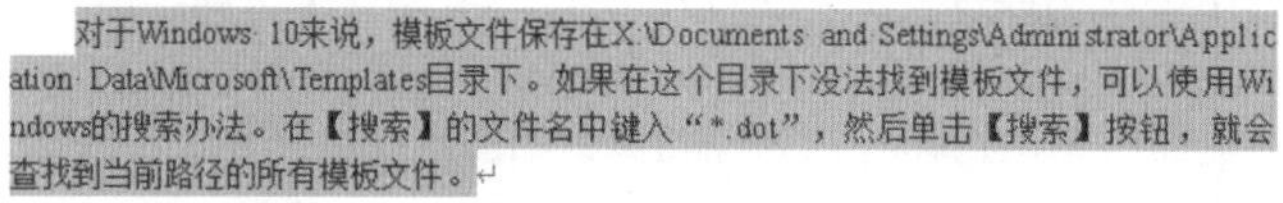

对于Windows 10来说，模板文件保存在X:\Documents and Settings\Administrator\Application Data\Microsoft\Templates目录下。如果在这个目录下没法找到模板文件，可以使用Windows的搜索办法。在【搜索】的文件名中键入"*.dot"，然后单击【搜索】按钮，就会查找到当前路径的所有模板文件。

图 3-172

3.13.2 插入文档水印

Word 可以在文档中插入图片或文字两种水印，方法如下：

（1）打开"物品采购清单 .docx"文档，单击【设计】菜单选项，在【页面背景】选项面板中单击【水印】按钮，在弹出的对话框中选择【自定义水印】，如图 3-173 所示。

（2）此时打开了【水印】对话框，如图 3-174 所示。

图 3-173

图 3-174

（3）此时就可以在对话框中执行添加水印的操作。

·将一幅图片作为水印插入。

①选中对话框内的【图片水印】项，根据需要设置【缩放】并选中【冲蚀】，如图 3-175 所示。

②单击【选择图片】按钮打开【插入图片】对话框，如图 3-176 所示。

图 3-175　　　　　　　　　　　　　　　图 3-176

③单击选择【必应图像搜索】，在打开的【联机 图片】页面单击选择【动物】，如图 3-177 所示。

④在打开的页面中单击选择一幅老虎图像，如图 3-178 所示，并单击【插入】按钮。

图 3-177　　　　　　　　　　　　　　　图 3-178

此时【水印】对话框如图 3-179 所示。

⑤单击【确定】按钮，将水印插入文档，效果如图 3-180 所示。

图 3-179　　　　　　　　　　　　　　　图 3-180

· 插入文字水印。

① 选中【水印】对话框中的【文字水印】，然后在【文字】下拉列表中选择或输入所需文本。再根据需要设置【字体】、【尺寸】等选项，如图 3-181 所示。

② 单击【应用】按钮，再单击【关闭】按钮，即可在页面视图中看到水印效果，如图 3-182 所示。

图 3-181   图 3-182

3.13.3　更改部分文档的页边距

（1）首先选择要修改的页边距的文本。

（2）选择【布局菜单】选项，单击【页面设置】选项面板右下角的【功能扩展】按钮 ◳，在打开的【页面设置】对话框中切换到【页边距】选项卡中，在【页边距】栏中设置各项参数。

（3）在对话框底部的【应用于】框中，单击【所选文字】，如图 3-183 所示。Word 自动在应用新页边距设置的文字前后插入分节符。如果文档已划分为若干节，可以单击某节或选定多节，然后更改页边距。

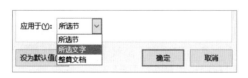

图 3-183

（4）单击【确定】按钮即可。

3.13.4　设置 Word 文档默认字体

Word 文档默认是宋体五号字，可以修改这个默认字号和字体。

以将 Word 文档默认字体改为楷体五号字为例。

（1）选择【开始】菜单选项，单击【字体】选项面板右下角的【功能扩展】按钮🖿，打开【字体】对话框。

（2）在【中文字体】框中选择【楷体】，单击【字号】框中的【五号】，然后单击【默认】按钮，如图 3-184 所示。

以后，所有基于当前模板新建的文档都将使用选择的字体设置即楷体五号。

默认字体应用于基于活动模板的新文档，所以不同的模板可以使用不同的默认字体设置。

图 3-184

3.13.5　插入手动换行符

手动换行符结束当前行并将文本继续显示在下一行。

例如，假设段落样式在段前包含多余的空格，若要省略两行短行文本之间的多余空格，如地址或诗歌之间的空格，可将手动换行符插入每行的后面，而不是按 Enter 键。

方法为：单击要插入换行符的位置，然后按 Shift+Enter 组合键。

3.13.6　将段落首字放大

平时在看一些杂志上的文章时，发现文章的第一个字显得比其他文字都大得多，达到突出显示的目的。怎样实现这种效果呢？

（1）选中段首字，使用鼠标右键单击，在弹出菜单中选择【字体】。

（2）在打开的【字体】对话框中，将字号放大，这里选择字号为【初号】，然后切换到【高级】选项卡中，在【字符边距】栏中设置【位置】为【下降】，如图 3-185 所示，然后单击【确定】按钮。

图 3-185

（3）在【位置】栏下选中您所需要的样式。还可以在【选项】栏下具体地设置字体、下沉行数、距正文的距离等参数，然后单击【确定】按钮即可。文字效果如图 3-186 所示。

图 3-186

此外，在对首字下沉的文字进行编辑时，您可以像对待文本框一样，对其进行缩放、移动等操作。

3.13.7　为文档添加或取消纹理背景

如果要使用有纹理的背景图案，可采用如下方法。

（1）选择【设计】菜单选项，单击【页面背景】选项面板中的【页面颜色】按钮，在打开的面板中单击【填充效果】，如图 3-187 所示。

（2）在弹出的【填充效果】对话框中选择【纹理】选项卡，在【纹理】栏中单击选择需要的纹理图案，如图 3-188 所示，然后单击【确定】按钮关闭对话框。

（3）添加纹理背景后的文档效果如图 3-189 所示。

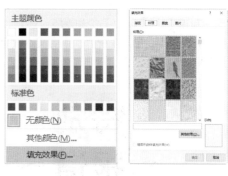

图 3-187　　　　　　　图 3-188

还可以单击【填充效果】对话框的【纹理】选项卡中的【其他纹理】按钮，在打开的【插入图片】对话框中选择一种方式插入图片作为纹理背景，如图 3-190 所示。

图 3-189　　　　　　　　　　　　　图 3-190

如果要取消设置的纹理背景，则单击【页面背景】选项面板中的【页面颜色】按钮，在打开的面板中选择【无颜色】选项即可。

3.13.8　实现叠题的制作

翻开报纸，除了抢眼的标题和精彩的图片外，还总有些诸如【特别企划】【跟踪报道】之类的小题花让人眼睛一亮，印象尤深。它们是怎么实现的呢？

以【特别报道】这四个字为例来说明。

（1）在 Word 中输入【特别报道】并将它们选中。

（2）选择【开始】菜单选项，在【段落】选项面板中单击【中文版式】按钮

，在弹出的下拉菜单中选择【合并字符】选项，打开【合并字符】对话框，将【字体】设为【黑体】，再将【字号】设为【48】，如图 3-191 所示。

（4）单击【确定】，"特别报道"就叠在一起了，如图 3-192 所示。

利用【中文版式】按钮 ，还可以制作【纵横混排】和【双行合一】的文本效果，如图 3-193 所示。

图 3-191

在 Word 中输入"报道"并将它们选中。

图 3-192

纵横混排　　　　双行合一

图 3-193

3.13.9　利用表格分栏、竖排文字

编辑一个如报刊那样的文字排版效果（文字横、竖错落有致）的文件，如果用文件段落格式来排版好像效果不是很好，我们可以利用表格分栏来实现这种灵活多样的文字排版要求。

（1）首先把各栏（块）内容分别放入根据需要绘制的一个特大表格单元格中（和报纸版面一样大的表格）。

（2）再合理设置好各个栏（块）内的文字排版样式。

（3）最后再设置好各个栏的边框（如无边框）等，这样就能得到如报纸上的排版效果了。

3.13.10　快速修改表格的样式

可以为表格添加一些效果使它显得更加丰富多彩。除了手工调整外，其实 Word 为我们提供了许多早已定义好的表格样式。

（1）选择需要使用【自动套用格式】的表格或者将光标定位在其中任何一个单元格中。

（2）单击第二个【设计】菜单选项，在【表格样式】选项面板中单击【其他】按钮，如图 3-194 所示。在展开的面板中单击要应用的新样式即可，如图 3-195 所示。

表格样式

图 3-194

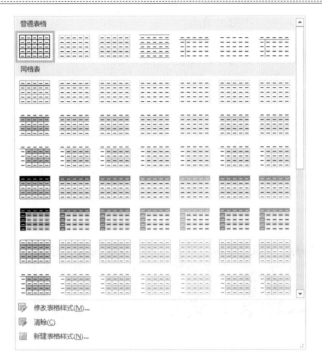

图 3-195

3.13.11 快速压缩文档中的图片

通常情况下，图文混排的 Word 文档一般都比较大，若要减小文件的体积，可以利用 Word 2019 提供的图片压缩功能来实现。

（1）打开图文混排的 Word 文档。

（2）选中要压缩的图片，单击【格式】菜单选项下【调整】选项面板中的【压缩图片】按钮，在打开的【压缩图片】对话框中通过勾选或取消【仅应用于此图片】选项，在【分辨率】分组栏下选择压缩图片的分辨率，如图 3-196 所示。然后单击【确定】按钮即可。

图 3-196

提示： 在【文件】菜单的【打开】或【另存为】对话框中，选择【工具】|【压缩图片】命令也可以打开【压缩图片】窗口；支持混排文档图片压缩的还有 Excel 和 PowerPoint。

3.13.12 快速插入 Excel 图片表格

　　Excel 表格插入 Word 的通常做法是将它复制到剪贴板，然后再粘贴到 Word 文档。这种做法存在一定的缺陷，例如，表格中的数据格式受 Word 的影响会发生变化，产生数据换行或单元格高度变化等问题。如果不再对表格内容进行修改，可以将 Excel 表格用图片格式插入 Word 文档。

　　（1）选中 Excel 工作表中的单元格区域，如图 3-197 所示。

　　（2）在 Excel 的【开始】菜单选项中的【剪贴板】选项面板中的【复制】按钮，在弹出的菜单中选择【复制为图片】命令，在打开的对话框中选择【如打印效果】选项，如图 3-198 所示，然后单击【确定】按钮。

图 3-197　　　　　　　　　　　　　　　　　　　　图 3-198

　　（3）在 Word 文档中，单击要插入表格的地方，然后按 Ctrl+V 组合键，就将图片表格插入到当前光标位置了，如图 3-199 所示。

B	剂型	包装规格	E宠商城	狗民网商城	波奇网	天猫	手机淘宝	阿闻商城小程序	备注
山羊奶粉	粉末	450/罐	市场价¥168.60 E宠价：118.00 已售：73004罐	0	波奇价：¥99.5 指导价¥129.80 销量：60480			0	
升级配方 山羊奶粉	粉末	250/罐	市场价¥82.80 E宠价：69.00 已售：3908罐	0				0	
猫专用含鲑 氨酸配方羊 奶粉	粉末	300/罐	市场价¥129.00 E宠价：108.00 已售：24罐	0	波奇价：¥79 指导价¥118.80 销量：261			0	

图 3-199

　　如果需要在图形处理程序中插入 Excel 表格，或者需要将 Excel 图表插入 Word 文档，同样可以采用上述方法。

3.13.13 巧用 Word 画曲线

　　曲线工具是个非常实用的工具，它有点类似于 Photoshop 中的曲线工具，利用它可绘制出各种各样的图形。

　　（1）用鼠标单击【插入】菜单选项下的【插图】选项面板中的【形状】按钮，在弹出的面板中单击选择【线条】分组中的【曲线（或自由曲线）】命令，如图 3-200 所示。

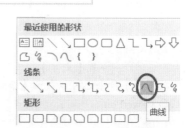

图 3-200

（2）鼠标指针变成一个加粗的【+】号，将【+】号移至文档适当位置处并单击，便可开始画曲线。

（3）在转折处单击左键，就可以绘制出一条曲线，继续在下一个转折点单击鼠标，依此类推，双击鼠标完成，如图 3-201 所示。

> 提示： ①为方便鼠标定位，绘图时最好按住 Alt 键，否则鼠标移动的幅度有可能过大，不好掌握。
>
> ②画出来的曲线如果不符合您的意图，就可以对线条进行修饰。方法是选中曲线后单击右键，在快捷菜单中选【编辑顶点】命令。用鼠标拖动顶点可以改变顶点的位置，如图 3-202 所示，按住 Ctrl 键的同时单击左键，可以增加或删除顶点。

图 3-201 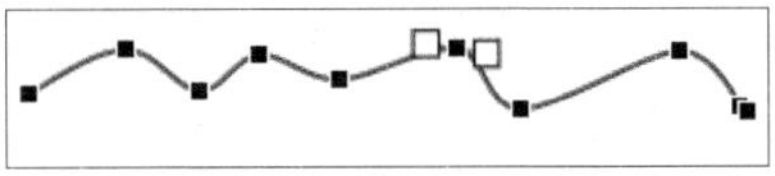　　　　　　　　　　　图 3-202

3.13.14　绘制互相垂直的平面

操作步骤如下：

（1）在 Word 中拉出一个简单文本框，并调整文本框的高度和宽度，使其达到合适的尺寸。

（2）在【插入】菜单选项的【插图】选项面板中单击【形状】按钮，在打开的面板中的【基本形状】下单击选择【平行四边形】按钮，然后就可以在文本框中先画两个平行四边形，使其中一个平行四边形的一条边垂直于另一个四边形的一条边，如图 3-203 所示。

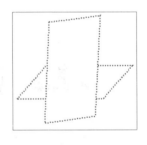

图 3-203

3.13.15　制作双色特效字

双色特效字是一款非常大方、活泼、醒目的特效字，效果如图 3-204 所示。

（1）输入需要设置为双色的文字"上下两种颜色"，设置字体为方正粗黑宋简体，大小为 50 磅，颜色为红色。

上下两种颜色

图 3-204

（2）将上面设置好的文字复制粘贴，并将其颜色设置为【蓝色 个性色 1 深色 25%】，此时文本效果如图 3-205 所示。

（3）选中第一次输入的文本，使用 Ctrl+C 组合键进行复制，然后单击【剪贴板】选项面板中的【粘贴】按钮，在弹出菜单中选择【选择性粘贴】命令，在打开的【选择性粘贴】对话框中选择【图片（增强型图元文件）】，如图 3-206 所示，然后单击【确定】按钮。

图 3-205　　　　　　　　　　　　　　　　　图 3-206

（4）用步骤（4）中的步骤处理第二种颜色的文字。

（5）选择第二种颜色的文字图片，使用鼠标右键单击，在弹出菜单中选择【大小和位置】命令，在打开的【布局】对话框中切换到【文字环绕】选项卡中，单击选择【环绕方式】下的【浮于文字上方】，然后单击【确定】按钮关闭对话框。

（6）右击第二种颜色文字图片，使用图下方出现的裁剪工具，剪掉第二行文字的水平向方向的一半，如图 3-207 所示。然后将之移动到与第一排重合。在移动的同时，按住 Ctrl 键和键盘上的方向键可以精确移动。效果如图 3-204 所示。

图 3-207

3.13.16　隐藏空白区域来节省屏幕空间

在页面视图中，默认情况下，每页顶部和底部会显示页眉和页脚以及页面之间的灰色区域。在编辑时有时会觉得这样很占用空间。那怎样把这些去掉呢？

（1）单击【自定义访问工具栏】按钮 ，在打开的下拉菜单中选择【其他命令】，打开【Word 选项】对话框。

（2）在【显示】选项栏中取消【在页面视图中显示页面间空白】复选框，如图 3-208 所示。

（3）单击【确定】按钮，结束操作。

图 3-208

第 4 章

轻松掌握 Excel 基本操作

本章导读

Excel 是一个电子表格软件，可以用来制作电子表格，完成许多复杂的数据运算，进行数据的分析和预测，并且具有强大的制作图表的功能。例如，在工作表的单元格中输入数据后，不但可以按要求进行编辑，而且可以设置数据格式以突出重要信息，使工作表更易于阅读。另外，还可以为工作表设置页面、添加页眉和页脚等，然后把它打印制成精美的报表。

4.1 创建工作表与工作簿

要使用 Excel 管理数据，就需要创建工作表与工作簿。在启动 Excel 时，就会自动创建一个工作簿，此外，也可以在任何时候再新建工作簿。

4.1.1 认识工作簿、工作表和单元格

启动 Excel 后，其界面如图 4-1（1）所示。

图 4-1（1）

还有一个数据编辑栏，只有在单元格中输入数据后才会出现，如图 4-1（2）所示。

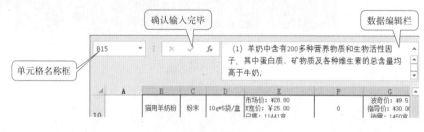

图 4-1（2）

打开 Excel 时，会同时存在工作簿、工作表和单元格。因此先介绍这三个概念，以便进一步了解 Excel 的操作。

1. 工作簿

工作簿是用于存储并处理数据的文件，工作簿名就是文件名。启动 Excel 后，系统

会自动打开一个新的、空白工作簿，Excel 给它赋予一个临时的名字"工作簿1"，没有扩展文件名，如图 4-2 所示。

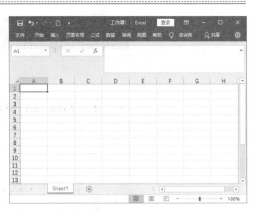

一个工作簿中可以包含多张工作表。一般来说，一张工作表保存一类相关的信息，这样，在一个工作簿中可以管理多个类型的相关信息。例如，用户需要创建一份年度销售统计表，就可以创建一个包含 12 张工作表的工作簿，每张工作表分别创建一个月的销售统计表。默认情况下，新建一个工作簿时，Excel 默认提供了 1 个工作表，其名字是 Sheet 1，显示在工作表标签中。在实际工作中，可以根据需要添加更多的工作表。

图 4-2

2. 工作表

工作表是工作簿的重要组成部分。它是 Excel 组织和管理数据的地方，用户可以在工作表上输入数据、编辑数据、设置数据格式、排序数据和筛选数据。

尽管一个工作簿文件可以包含许多工作表，但在某一时刻，用户只能在一张工作表上进行工作，这意味着只有一个工作表处于活动状态，通常把该工作表称为活动工作表或当前工作表，其工作表标签以反白显示，名称下方有单下划线，如图 4-3 所示。

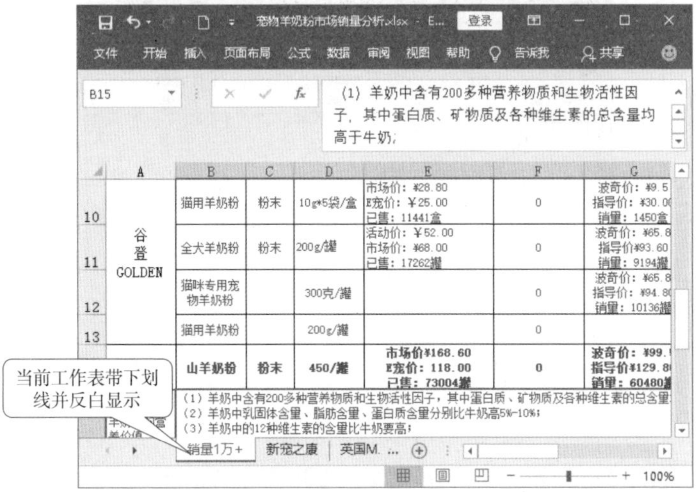

图 4-3

3. 单元格

每个工作表由 256 列和 65536 行组成，列和行交叉形成的每个网格又称为一个单元格。列标由 A、B、C、……表示，行号由 1、2、3……表示，所以每个单元格的位置由交叉的列、行名表示。例如，在列 B 和行 5 处交点的单元格可表示为 B5，如图 4-4 所示。

图 4-4

每个工作表中只有一个单元格为当前工作的活动单元格，屏幕上带粗线黑框的单元格就是活动单元格，此时可以在该单元格中输入和编辑数据。在活动单元格的右下角有一个小绿方块，称为填充柄，如图 4-5 所示，利用此填充柄可以填充某个单元格区域的内容。

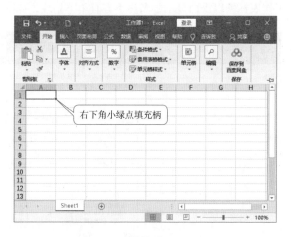

图 4-5

4.1.2 建立工作簿和工作表

一个工作簿从新建到保存共分为以下几个阶段：

（1）新建：这个步骤是准备一个空白的工作簿，可以将这个工作簿看成一个空白的活页夹，是预备放活页纸的地方。

（2）插入工作表：空白的工作簿是没法输入数据的，必须插入工作表才行，这就像是在活页夹中插入活页纸一样。

（3）输入数据：这个步骤涵盖范围最广，除了将数据输入到工作表之外，还包括运用 Excel 进行各项分析，再创造出各种信息。

（4）保存：最后记得将工作成果保存起来。

1. 建立工作簿

在安装完 Office 后，系统会自动将 Excel 加入【程序】菜单中。所以选择 Windows 10 的【开始】按钮■，可以从应用程序列表的字幕 E 下启动 Excel。接下来就介绍一下如何建立新工作簿。

操作方法如下：

（1）启动 Excel 后，打开如图 4-6 所示的开始页面，光标默认置于【新建】下的【空白工作簿】图标上。

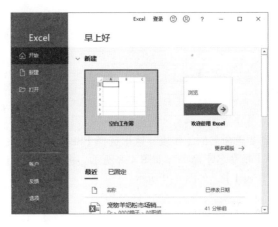

图 4-6

（2）单击【空白工作簿】图标，新建工作簿的工作就完成了，新工作簿如图 4-1 所示。

（3）如果要再新建更多的工作簿，单击【快速访问工具栏】上的【新建】按钮🗋即可，也可以执行【文件】|【新建】命令来创建，更为详细的方法，请参见 1.3.4 的内容。在未保存 Excel 工作簿前，会自动命名工作簿，其临时命名为【工作簿 1】，以后新建的工作簿临时命名依次为【工作簿 2】【工作簿 3】……

> **注意：** 如果要在各个工作表间切换，在工作簿的下边的工作表标签上，单击各个工作表名称或按钮即可互相切换。如果在 Windows 任务栏选择另一个工作簿的名称，则会切换到该工作簿中去。

2. 插入工作表并命名

除了在新建工作簿时设置其默认的工作表个数外，也可以在工作簿中任意地插入新的工作表，并且可以把工作簿中的所有工作表重新命名为一个合适的名称。

例如，要在工作表 1（Sheet 1）后面插入新的工作表，可以执行以下步骤：

（1）用鼠标单击工作表 1 也就是 Sheet1。

（2）单击其右侧的【新工作表】按钮⊕，就会自动插入一个新工作表，如图 4-7 所示。

图 4-7

（3）单击切换到要重命名的工作表，这里选择【Sheet1】，然后右击鼠标，在弹出的快捷菜单中，选择【重命名】命令，如图 4-8 所示。再把所选的工作表名称改成一个合适的名称比如【工作表 1】，如图 4-9 所示。

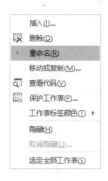

图 4-8

图 4-9

4.2 在单元格中输入数据

在单元格内输入内容首先应激活或选定单元格，激活或选定的方法很简单，用鼠标单击单元格即可。单元格内可输入数据，也可输入公式，还可以往单元格内自动填充数据。

4.2.1　输入数据的一般方法

下面介绍单元格数据输入的一般方法与技巧。

·在 Excel 的整张表格中，列单元格用数字 1、2、3 递增，行单元格用英文字母 A、B、C 递增，所以，当选中第 1 列第 1 行的单元格时，该单元格就以 A1 来表示，因而 A1 就表示要输入数据的单元格，选取单元格后，其中显示名称 A1 的地方，就称为【名称框】，在名称栏显示当前选中的单元格的引用名称。

·在名称框的右边，也有一个很长的框，在该框中可以输入数据，输入数据后，也可以在此进行编辑，该框称为【编辑栏】。选中一个单元格后，既可以直接输入数据，也可以在编辑栏中输入数据，在【编辑栏】中输入数据时，该选中的单元格中会出现相应的数值或文字，同样，当在单元格中输入数据后，编辑栏中也显示相应的值或文字，如图 4-10 所示。

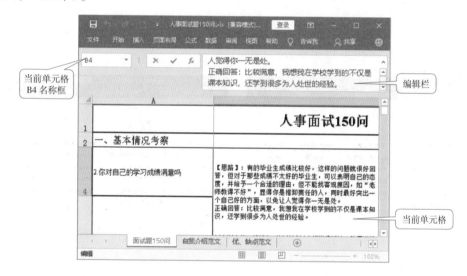

图 4-10

·用鼠标双击要输入数据的单元格，此时光标定位在该单元格中，就可以在该单元格中输入数据了，在输入数据的过程中，状态栏显示目前处于【编辑】状态，同时在编辑栏也显示目前选中的单元格中的数据。

·输入过程中如果发现输入错误，可以按 BackSpace 键删除插入点的前一个字符，或按 Delete 键删除插入点的后一个字符，也可以按方向键移动插入点。

·输入没有结束时，不要按键盘上的 Tab 键移动，如果按 Tab 键，状态栏中就会回到就绪状态，Excel 会认为该单元格的数据输入完毕，从而转到下一个单元格准备输入的状态。

此外，输入数据后有以下几种方法确认输入：

·按 Enter 键：数据输入，并回到就绪状态，并且仍然选中刚刚输入数据的单元格。

·按 Tab 键：数据输入，并回到就绪状态，并且选中输入数据的单元格右侧相邻的单元格，例如，刚刚输入数据的单元格为 B5，按 Tab 键后，会选中 C4 单元格。

·【输入】按钮✔：单击编辑栏上的【输入】按钮✔，完成数据输入，并回到就绪状态，并且仍然选中刚刚输入数据的单元格。

·【取消】按钮✘：单击编辑栏上的取消按钮✘，取消数据的输入。

·用鼠标单击该单元格以外的其他单元格，就会选中鼠标所单击的单元格。

4.2.2　自动完成输入

输入数据时，Excel 还提供了很多可以快速输入数据的方法，如序列填充、公式计算等，如果在输入数据时，熟练使用各种技巧，会达到事半功倍的效果。

当一列单元格中只有几种特定的数据，或者一行中连续几个单元格都是相同的数据，这种情况下，Excel 会自动完成一部分的输入。例如，如果表格中几个单元格的数据相同，也可以实现自动输入，现在选中下一单元格，要在其中输入数据，如图 4-11 所示。

当在其中输入"有机大米"字后，就会自动出现（科尔沁沙地）文本，并且处于选中状态，这是因为 Excel 在该列中自动检测到想输入的数据，并猜测要输入的可能与上一单格的数据相同，如图 4-12 所示。

图 4-11　　　　　　　　　　　　　　图 4-12

这时按下 Enter 键，就可以完成输入。如果 Excel 猜测得不对，那么，继续输入后面的数据即可。

> **提示：**同样，在一列单元格中，如果已输入 A 等、B 等、C 等，或者是甲等、乙等、丙等时，或一年、二年等时，也会自动识别到后面一个文字。不过自动完成输入只适用于文本数据，而相对数字数据就无能为力了。

4.2.3　填充范围

如果连续一片单元格需要输入相同的数据，也可以使用填充范围的方法。

如在一个工作表中，如果在一列或者一行单元格中均要输入"西安"，那么首先在其中一个单元格输入"西安"，然后选中该单元格，将光标移到该单元格的右下角的填充控制点上，光标变成十字形状，按住鼠标往下拖动，拖动到要结束这列相同数据输入时停止，就得到了相同的一列数据，如图4-13所示。

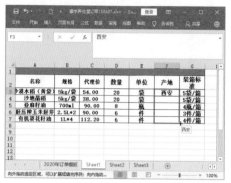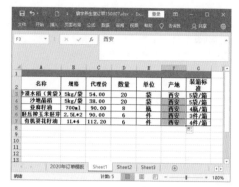

图 4-13

> **提示：** 不仅向下拖动可以得到相同的一列数据，向右拖动填充也可以得到相同的一行数据，如果选择的是多行列后，同时向右或者向下拖动，则会同时得到多行多列的相同数据。

4.2.4　序列输入

在 Excel 中，可以建立的序列有：

·等差序列：例如，1、3、5、7、9、……
·等比序列：例如，2、4、8、16、……
·日期：例如，2020/3/8、2020/3/9、2020/3/10、2020/3/11、2020/3/12、……
·自动填充：属于不可计算的文本数据，例如，一月、二月、三月、……星期一、星期二、星期三等，Excel 将这些类型文本建成数据库，可以让其自动填充式输入。

1. 等差序列填充式输入

工作表中的某列的数据属于等差序列，因此就可以省去很多工作量了。

（1）例如，在 A1、A2 单元格分别输入 1001 号、1002 号。

（2）同时选中 A1、A2，并将鼠标移到填充控制点处，此时光标变成十状。

（3）按下鼠标左键并拖动到相应的单元格，在拖动的过程中，光标的右下角会显示此时光标所指单元格要填入的数据。

（4）释放鼠标，就会得到等差序列的填充结果，其过程如图4-14所示。

> **提示：** 等差序列的公差可以不是1，Excel 会根据选中的前两个单元格之间的差值来建立等差序列，如前两个单元格之间的差值为2，则按同样的方法得到的填充结果，其前后两个单元格之间的差值也为2。

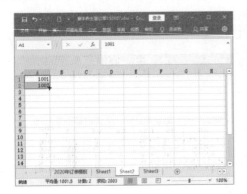

图 4-14

2. 等比序列输入

等比序列输入数据的方法与等差序列填充式输入类似，其输入方法如下。

（1）先在 A1 单元格输入数值，如输入 1，然后选中要进行填充的单元格，在这里选择 A1：A14，如图 4-15 所示。

（2）选择【开始】菜单选项，单击【编辑】组中的|【填充】按钮⤓，在弹出下拉菜单中选择【序列】命令，如图 4-16 所示。

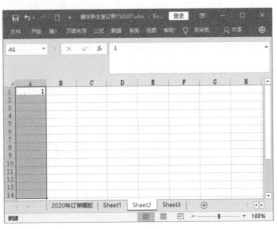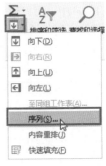

图 4-15   图 4-16

（3）此时打开了【序列】对话框，如图 4-17 所示。

·在【序列产生在】选项组中，选择【列】（也可以选择【行】）单选按钮。

·在【类型】选项组中选择【等比序列】单选框。

·在【步长值】文本框中输入 2。

（4）单击【确定】按钮，关闭对话框，即可得到一组以 2 为基础，步长为 2 的等比序列数值，如图 4-18 所示。

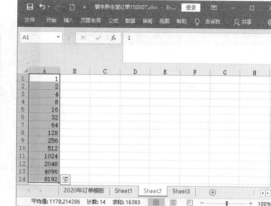

图 4-17　　　　　　　　　　　　　　　　　图 4-18

3. 使用自动填充序列输入日期

使用自动填充序列输入日期很简单，其方法如下：

（1）例如在一行单元格中输入【8月5日】，然后选中该单元格，拖动填充控制点到相应的单元格，在拖动过程中，会显示当前所在单元格将填入的数值，如图 4-19 所示。

（2）释放鼠标即可得到一组自动填充的序列数据。

（3）使用同样的方法，也可以建立不同的序列数据，如图 4-20 所示。

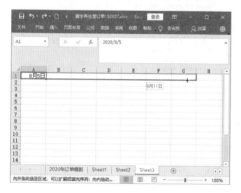

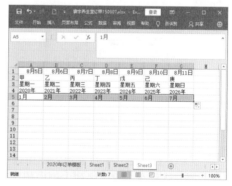

图 4-19　　　　　　　　　　　　　　　　　图 4-20

4.2.5　自定义填充序列

上面已介绍了自动填充序列的输入，如果用户想定义一些有自己个性格式的填充序列，就可以进行自定义列表。

（1）要定义成为序列的数据，这些数据应该有一定的规律，例如，要在1行（或1列）的单元格输入有规律性的多个数据，然后选中这些单元格，如图 4-21 所示。

（2）在 Excel 中单击【文件】菜单，单击底部的【更多】按钮，在下拉菜单中选择【选项】命令，如图 4-22 所示。

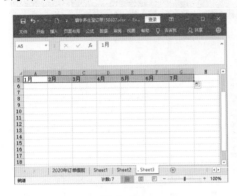

图 4-21 图 4-22

（3）在【Excel 选项】对话框中单击【高级】标签，向下拖动滚动条，找到【常规】分组中的【编辑自定义列表】按钮，如图 4-23 所示。

（4）单击【编辑自定义列表】按钮，打开【自定义序列】对话框，如图 4-24 所示。

图 4-23 图 4-24

（5）在【自定义序列】列表框中选中【新序列】项，然后在【输入序列】框中依次输入所需要的序列。每输入一个序列后回车再输入下一个序列。输入完后单击【添加】按钮将输入的新序列添加到序列列表中。由于已经事先选中了要建立序列的单元格，所以只需单击【导入】按钮，然后选中图 4-21 所示的数据，就可以在该栏中自动填入单元格范围。这时，可以看到所定义的序列会添加到【自定义序列】列表中，如图 4-25 所示。

（6）单击【确定】按钮，返回到【Excel 选项】对话框，再单击【确定】按钮，返回到表格编辑

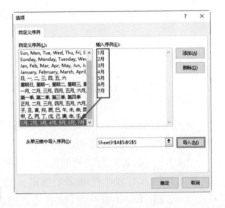

图 4-25

界面。

此后就可以像使用其他系统定义的序列一样，输入刚才自定义序列了。但如果定义的一组序列超出了定义的范围，则再往后的序列数据就会重复出现，如当定义了【第一回合】到【第七回合】的序列，那么在使用时，如果要显示【第八志愿】这样的序列，就无法得到了，此时它会重复前面的序列。

4.3 编辑单元格数据

对工作表编辑主要是针对单元格、行、列以及整个工作表进行的包括撤销、恢复、复制、粘贴、移动、插入、删除、查找替换等操作。

4.3.1 选定编辑范围

在针对单元格、行、列以及整个工作表进行编辑之前，首先应该选定要编辑的内容。下面是一些常用的选择方法。

· 若需要编辑的内容是单元格，可以单击该单元格，使它成为活动单元格。

· 若要编辑的内容是一行或一列时可以单击行号或列号来选定一行或一列。

· 若要选定整张工作表时，可以单击第 A 列左侧的空框，就可以选定整张工作表。

· 若要选定指定的连续的单元格，可以将光标置于要选择范围的第一个单元格上。按住鼠标左键不放，拖动鼠标来选择需要的单元格，然后松开鼠标。

· 如要选择不连续的单元格，可以按住 Ctrl 键不放，再按上述步骤选择相应的单元格范围即可选定不连续的单元格。

· 若要选取整列，只要将光标移到该列的列标处，当光标变成向下的箭头形状时，单击鼠标，就可以选取该列，如图 4-26 所示。同样要选取整行，只要将光标移到该行的行号处，当光标变成向右的箭头形状时，单击鼠标，就可以选取该行。

图 4-26

·如要选取整个工作表，只需单击表格行与列的交界处即可，如图 4-27 所示。

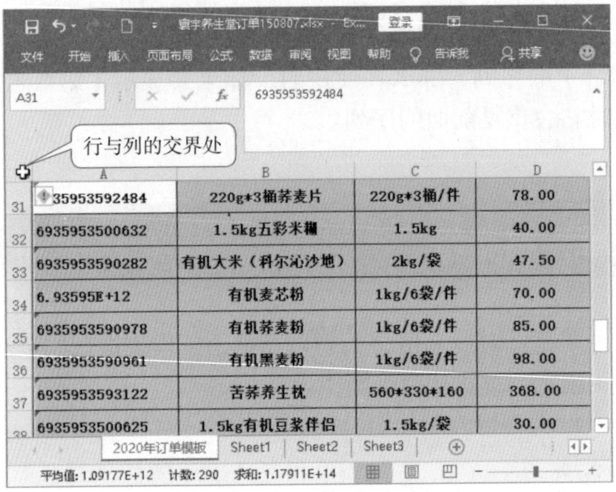

图 4-27

4.3.2 移动、复制与清除单元格数据

复制与粘贴是一个互相关联的操作，一般来说，复制的目的是粘贴，而粘贴的前提是要先复制（剪切也是复制的一种形式）。

1. 移动单元格

如需要使用鼠标移动单元格，可以在选定需要复制的单元格后，用鼠标指向该单元格，当光标变成斜向箭头，按住 Shift 键不放，然后按住鼠标左键，并将选定区域拖动到目标位置，松开鼠标和 Shift 键即可。

此外，也可以使用剪切功能移动单元格。其实剪切也是复制的一种特殊形式，剪切后粘贴就是移动。使用剪切功能移动单元格的方法是：

（1）选择要移动的单元格。

（2）然后按快捷键 Ctrl+X。

（3）再按快捷键 Ctrl+V 即可。

2. 复制并粘贴单元格

当需要将工作表中的单元格复制到其他工作簿中时，可以使用【开始】菜单选项中的【剪贴板】组来完成复制工作。

方法如下：

（1）打开"寰宇养生堂订单 150807.xlsx"工作簿，单击切换到【Sheet 1】表格中，单击选中 A7 行，如图 4-28 所示。

（2）单击【剪贴板】组中的【复制】按钮（或按 Ctrl+C）。

（3）选中粘贴区域左上角的单元格，在这里选择 A8 单元格。

（4）单击【剪贴板】组中的【粘贴】按钮（或按 Ctrl+V）即可，此时表格如图 4-29 所示。

图 4-28   图 4-29

同样，也可以选定需要被复制的单元格。方法是用鼠标单击该单元格，并向右下角移动光标，当光标变成 形状后，按住 Ctrl 键不放，将选定区域拖动到目标位置，松开鼠标和 Ctrl 键，即可进行复制，如图 4-30 所示。

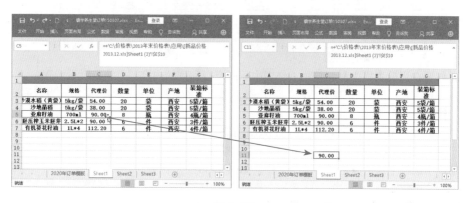

图 4-30

3. 复制并粘贴指定格式

复制单元格中特定内容的方法如下：

（1）选定需要复制的单元格区域，如图 4-31 所示。

（2）按 Ctrl+C 快捷键进行复制。

（3）选定粘贴区域的左上角单元格。

（4）选择【开始】菜单选项，单击【剪贴板】组中的【粘贴】按钮，在下拉菜单中选择【选择性粘贴】命令，如图 4-32 所示。

（5）在打开的【选择性粘贴】对话框中，选择【转

图 4-31   图 4-32

置】复选框，如图 4-33 所示。

（7）单击【确定】按钮，即可把单元格中的行与列互换，效果如图 4-34 所示。

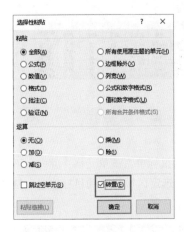

图 4-33

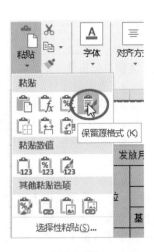

图 4-34

4. 在当前表格中复制整个表格

如要在当前表格中复制整张工作表中的所有行和列的内容，可执行以下步骤：

（1）打开"员工工资表 .xlsx"工作簿，选中工作表所有行和列，使之成为当前的活动工作表，如图 4-35 所示。

（2）按 Ctrl+C 组合键将其复制，将光标置于被复制内容要插入的起点位置。

（3）选择【开始】菜单选项，单击【剪贴板】组中的【粘贴】按钮，在打开的下拉菜单中选择【保留源格式】选项图标，如图 4-36 所示。

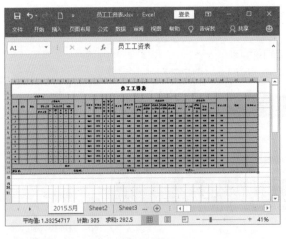

图 4-35

图 4-36

完成上述操作，原表格就被整体复制到了当前表格的空行位置处，如图 4-37 所示。

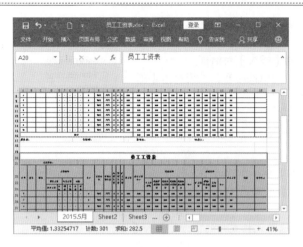

图 4-37

5. 清除单元格内容

清除单元格中的内容是指清除单元格中的公式、数据、样式等信息，而留下空白的单元格，同时保留其他单元格中的信息。

清除操作的方法是选中需要清除的单元格或单元格区域，按键盘上的 Delete 键即可；也可通过单击鼠标右键，在弹出菜单中选择【清除内容】命令来实现。

4.3.3　删除与插入单元格、行或列

1. 删除单元格、行或列

删除单元格是指将选定的单元格从工作表中删除，并用周围的其他单元格来填补留下的空白。它与清除单元格内容是两个不相同的概念。删除单元格的方法为：

（1）选定需要删除的单元格、行或列。

（2）使用鼠标右键单击选定内容，在弹出菜单中选择【删除】命令，弹出【删除】对话框，如图 4-38 所示。

（3）在对话框中选择相应的选项，单击【确定】按钮，即可删除相应的单元格。

·右侧单元格左移：所选单元格被删除，在其右侧所有单元格向左移动一个单元格的位置。

·下方单元格上移：所选单元格被删除，在所选单元格下方的所有单元格向上移动一个单元格的位置。

·整行：删除所选行或所选单元格所在行，其下方所在行自动上移一行的位置。

·整列：删除所选列或所选单元格所在列，其右侧之后的所有列向左移动一列的位置。

2. 插入单元格、行或列

插入单元格就是指在原来的位置插入新的单元格，而原位置的单元格将顺延到其后的位置上。插入单元格的方法为：

（1）选定需要插入单元格、行或列的位置。

（2）使用鼠标右键单击选定的单元格，在弹出菜单中选择选择【插入】命令，此时将弹出如图4-39所示的【插入】对话框。

（3）选择相应的单选按钮，然后单击【确定】按钮，即可。

·活动单元格右移：在所选单元格右侧插入一个单元格，其后的所有单元格向右移动一个单元格的位置。

·活动单元格下移：在所选单元格下方插入一个单元格，其后的所有单元格向下移动一个单元格的位置。

·整行：在所选单元格或行的上方插入一个空行。

·整列：在所选单元格或列的左侧插入一个空列。

图 4-38　　　　图 4-39

4.3.4　撤销与恢复操作

在编辑过程中，如果操作失误，我们可以撤销这些错误操作，撤销掉的操作，还可以再恢复它们。在 Excel 中，能够把执行的所有操作都记录下来。用户可以撤销掉先前的任何操作，撤销操作只能从最近一步操作开始。

1. 撤销操作

撤销操作，有以下几种方法：

·单击快速访问工具栏中【撤销】按钮 。

·按 Ctrl+Z 键。

·如果撤销最近的多步操作，可以单击【撤销】按钮 右侧的向下三角按钮，在下拉列表中，选择要撤销掉的操作，如图4-40所示，系统会自动撤销这些操作。

2. 恢复操作

同样，撤销过的操作，在没进行其他操作之前还可以恢复。方法如下：

·单击快速访问工具栏中【恢复】按钮 。

·按 Ctrl+Y 键。

·如果要恢复已撤销的多步操作，可以单击【恢复】按钮 右侧的向下三角按钮，在下拉列表中选择要恢复的操作，如图4-41所示，系统会自动恢复这些操作。

图 4-40

图 4-41

4.3.5　查找与替换

【查找】与【替换】是指在指定范围内查找到用户所指定的单个字符或一组字符串，

并将其替换成为另一个字符或一组字符串。

首先打开"人事面试题 150 问 .xlsx"工作簿。

1. 查找

在选定了要进行查找的区域之后，就可以进行查找操作了。查找的方法如下：

（1）选择【开始】菜单选项，单击【编辑】组中的【查找和选择】按钮 ，在弹出的下拉菜单中选择【查找】命令，如图 4-42 所示。弹出【查找和替换】对话框，并处于【查找】选项卡中。

（2）在【查找内容】文本框中，输入所要查找的数据或信息，如图 4-43 所示。单击【选项】按钮，可根据需要设置对话框中的各个选项，如图 4-44 所示，可以在【搜索方式】列表框中选择【按行】或【按列】进行搜索。另外，还可以在【搜索范围】列表框中选择所要搜索的信息类型。

图 4-42   图 4-43

（3）单击【查找下一个】按钮，当找到确定的内容后，该单元格将变为活动单元格，如图 4-45 所示。

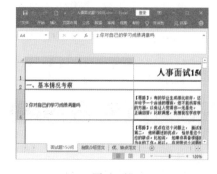

图 4-44   图 4-45

（4）单击【关闭】按钮，关闭【查找】对话框，并且光标会移动到工作表中最后一个符合查找条件的位置。

2. 替换

替换就是将查找到的信息替换为用户指定的信息。替换的方法如下：

（1）选定要查找数据的区域。

（2）单击【编辑】组中的【查找和选择】按钮 ，在弹出的下拉菜单中选择【替换】

命令，打开【查找和替换】对话框，并处于【替换】选项卡中。

（3）单击【选项】按钮（如果已经在【查找】选项卡中单击过该按钮，那该按钮就不可见），在【查找内容】文本框中输入要查找的信息，在【替换为】文本框中输入要替换成的数据或信息，如图 4-46 所示。

（4）单击【查找下一个】按钮开始搜索。当找到相应的内容时，该单元格将变为活动单元格，这时可以单击【替换】按钮进行替换，也可以单击【查找下一个】按钮跳过此次查找的内容并继续进行搜索。

（5）单击【全部替换】按钮，可以把所有与【查找内容】相符的单元格内容替换成新内容，并弹出如图 4-47 所示的对话框，单击【确定】按钮关闭对话框。然后单击【关闭】按钮关闭【查找和替换】对话框。

图 4-46　　　　　　　　　　　　　　　　　　　图 4-47

4.3.6　移动和复制工作表

首先打开"宠物羊奶粉市场销量分析 .xlsx"工作簿。

1. 移动工作表

如果要移动工作表，操作方法如下：

（1）单击要移动的工作表的标签，这里选择"卫仕"工作表的标签，如图 4-48 所示，使之成为活动工作表。

（2）使用鼠标左键按住该表格标签，光标变成 形状，并且该表格标签左上角出现一个向下的黑箭头，如图 4-49 所示。

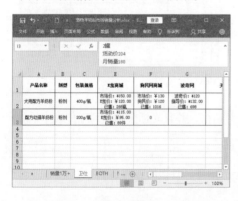

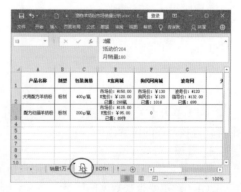

图 4-48　　　　　　　　　　　　　　　　　　　图 4-49

（3）按住鼠标左键不放拖动到要移动到的所在表格标签的后面，在这里拖至"BOTH"工作表标签的后面，如图 4-50 所示。

（4）松开鼠标左键，"卫仕"工作表的标签就被放置到了"BOTH"工作表标签的后面，如图 4-51 所示。

图 4-50

图 4-51

2. 复制工作表

如要复制整张工作表，可执行以下步骤：

（1）单击要复制的工作表的标签，这里选择"卫仕"，使之成为当前的活动工作表。

（2）使用鼠标左键单击"卫仕"工作表的标签，在弹出菜单中选择【移动】或【复制】命令，如图 4-52 所示。

（3）在打开的【移动或复制工作表】对话框中的【下列选定工作表之前】单击选择"麦德氏 IN"，并选中【建立副本】选项，如图 4-53 所示，然后单击【确定】按钮。

图 4-52

图 4-53

结果如图 4-54 所示。

| 销量1万+ | BOTH | 卫仕 | 新宠之康 | 英国MAG | 卫仕 (2) | 麦德氏 IN | 谷登GOLDEN | ⊕ |

图 4-54

131

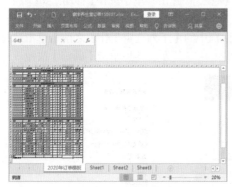

4.4 使用公式和函数进行计算

公式是在工作表中对数据进行分析处理的等式，它可以对工作表数值进行各种运算。公式中的信息还可以引用同一工作表中的其他单元格、同一工作簿不同工作表的单元格，或其他工作簿的工作表中的单元格。函数是一些预定义的公式，通过使用一些称为参数的特定数值来按特定的顺序或结构执行计算。函数可用于执行简单或复杂的计算。

4.4.1 使用 Excel 公式

一般情况下，公式计算的原则一般形式为 A3=A1+A2，表示为 A3 是 A1 和 A2 的和，如果用 =AVERAGE（D2：D7），表示求 D2 到 D7 这一列单元格的平均值。

例：打开"寰宇养生堂订单 150807.xlsx"工作簿，求"2020 年订单模板"工作表中的 G7 到 G42 这一列单元格的和（注意该列中间有纯字符单元格）。

（1）把光标定位到 G43 单元格，如图 4-55 所示。

（2）在编辑栏中，输入 ==（G7+G8+G11+G12+G13+G16+G17+G18+G19+G20+G21+G22+G23+G24+G25+G26+G27+G30+G31+G32+G33+G34+G35+G36+G37+G38+G39+G40+G41+G42），如图 4-56 所示。在输入过程中，如果在编辑栏中输入了运算符【=】号以后，可以继续在编辑栏中输入相应的单元格名称，也可以直接用鼠标选取相应的单元格。

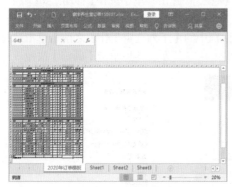
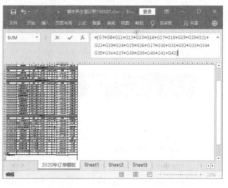

图 4-55　　　　　　　　　　　　　　　图 4-56

（2）输入完毕后，按回车键，即可在该单元格中得到各个单元格的求和结果，如图 4-57 所示。

> **注意：** 当单元格所引用的数据发生变化时，使用公式的单元格就会重新计算结果。此外，如果数据量不是很大的话，自动更新很方便，但是如果一个单元格数据的改变，引起多个单元格数据的更新，Excel 的运行速度就会变慢，因此可以单击【公式】菜单选项，在【计算】组中单击【计算选项】按钮，在弹出的下拉菜单中选择【手动】命令即可，如图 4-58 所示。

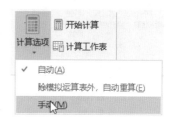

图 4-57   图 4-58

在单元格中，可以输入公式进行计算，也可以使用函数进行计算，并且使用函数输入会更简单。表 4-1 是常用算术运算符和比较运算符表示式和含义。

表 4-1 算术运算符和比较运算符表示式和含义

算术运算符	表示含义	比较运算符	表示含义
+	加	=	等于
−	减	<>	不等于
−	负号	>	大于
*	乘	<	小于
/	除	>=	大于等于
%	百分比	<=	小于等于
&	连接文本	:	区域运算符
^	乘方	,	联合运算符

4.4.2　使用 Excel 函数

Excel 提供了众多的函数，除了常用函数以外，还提供了很多比较专业的函数，例如，财务和金融方面的函数等。

1. 简单的求和函数

下面介绍一个最为简单的求和函数。使用求和函数可以在电子表格中对任意的单元格进行求和的操作，其步骤如下：

（1）选中要使用函数的单元格，然后选择【公式】菜单选项，单击【函数库】组中的【自动求和】按钮∑，在弹出的下拉菜单中选择【求和】命令，如图 4-59 所示。

这时单元格自动将求和的范围填上，如图 4-60 所示。

图 4-59 图 4-60

（2）如果不是求该列范围单元格的和，可以修改单元格的表示范围，也可以在按住 Ctrl 键的同时，用鼠标选择需要求和的单元格，如图 4-61 所示。

（3）选择完成后，按键盘上的 Enter 键，即可对单元格进行求和，如图 4-62 所示。

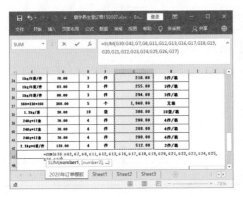

图 4-61 图 4-62

2. 其他函数的使用

Excel 提供了大量的内置函数以供用户调用，例如求最大值函数、求平均值函数、求和函数等。

如要求一组数值中的平均数，可以使用 AVERAGE 函数，操作如下：

（1）打开"置业顾问销控 2018.11.24.xlsx"工作簿。比如要查询别墅的销售单价，就选择要使用函数的单元格 E139：E146。

（2）然后选择【公式】菜单选项，单击【函数库】组中的【自动求和】按钮∑，在弹出的下拉菜单中选择【平均值】命令，如图 4-63 所示。

此时就会得到函数的计算结果也就是别墅销售价格的平均值，如图 4-64 所示。

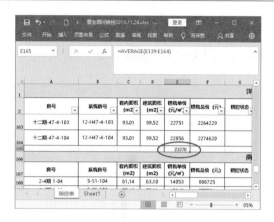

图 4-63   图 4-64

4.5 编辑单元格

在工作表中输入数据后，还需要对单元格中的数据进行格式化，以更符合要求。

4.5.1 设置字符的格式

默认情况下，单元格中的字体通常为宋体，如果想特别突出某些文字，可以把它们设置为不同的字体，并且可以设置字号，通过字号来突出标题。

1. 使用【字体】组设置字符格式

粗体和斜体是两种常用的文字样式，粗体文字可以加强对某段文字的强调，对于重要的数据可以使用粗体。如果要改变文字的字体格式，最快的方式是使用【开始】菜单中的【字体】段落，如图 4-65 所示。

使用【字体】组设置字符格式，其操作方法如下：

（1）选择要改变字体的单元格。

（2）单击【字体】右边的下拉箭头，从弹出的菜单中选择需要的字体即可。

（3）要改变文字的字号，和设置字体操作方法相同，在【字号】下拉列表框中选择一个数值即可。

（4）依次单击 B I U ▾图标按钮，在选中的文字上可以依次应用粗体、斜体和下划线效果。

（5）要想为文字添加一些色彩，可以单击【字体颜色】按钮 A ，即可以将文字设置成按钮图标中 A 字符下面的横线的颜色；如果不想使用这种颜色，单击按钮右边的下拉箭头，就会弹出一个如图 4-66 所示颜色面板，从中选择相应的颜色即可。

2. 使用对话框设置字体格式

也可以使用【单元格格式】对话框设置字体、字号、样式和字体颜色。

（1）选中要设置格式的单元格。

（2）选择【开始】菜单选项，单击【字体】组右下角的【功能扩展】按钮，打开【设置单元格格式】对话框，如图4-67所示。

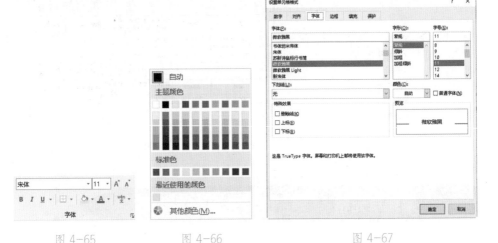

图 4-65   图 4-66   图 4-67

（3）在列表框中单击所需的字体、字形和字号等。

（4）单击【确定】按钮。

> **提示：** 如果要为单元格的某些字符设置格式，而不是为整个单元格中的数据设置格式，那么只要选中单元格中要设置格式的部分数据，然后使用和设置单元格格式同样的方法设置即可。要选中单元格的部分数据，用鼠标左键双击单元格，在单元格中出现光标插入点，按键盘上的 Shift 键，并配合左右方向键，就可以选中文字。

4.5.2　设置小数点后的位数

默认情况下，Excel 中的数字数据在单元格中右对齐，但是数字类型包括很多类型数据，因此就有必要设置小数点后的位数。

设置小数点后的位数一般有两种方法：

方法 1：直接使用【开始】菜单中的【数字】选组中的【数字格式】下拉菜单中的【数字】选项并配合其下方的选项按钮来设置数字格式，如图4-68所示。

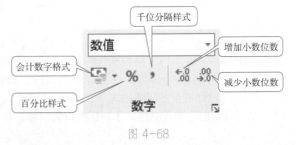

图 4-68

方法 2：使用【设置单元格格式】对话框中的【数字】选项卡来设置。

如在单元格中的数据表示的是中国的货币（即元）。如果想改成美国的货币的表示形式（即美元），使用【单元格格式】对话框设置小数点后的位数格式的操作方法如下。

（1）选中要设置的单元格，选择【开始】菜单选项，单击【字体】组右下角的【功能扩展】按钮，打开【设置单元格格式】对话框，切换到【数字】选项卡。

（2）在【分类】列表框中选择【货币】：

·在【小数位数】文本框中设置小数点后面的数字位数，这里设置为 0；

·在【货币符号（国家 / 地区）】下拉列表框中选择 $。

如图 4-69 所示。

（3）设置完毕，单击【确定】按钮即可。

图 4-69

4.5.3 设置日期和时间的格式

默认情况下，当用户在 Excel 中的单元格中输入一些类似时间的数字时，Excel 就会自动识别日期和时间，如表 4-2 所示。

表 4-2 Excel 默认识别的日期和时间格式

日期格式		时间格式	
输入	识别为	输入	识别为
2024 年 2 月 14 日	2024-2-14	12:05	12:05
2024 年 2 月 14 日	2024-2-14	12:05AM	12:05AM
2024/2/14	2024-2-14	12 时 5 分	12:05
2/14	（当前年）2020/2/14	12 时 5 分 15 秒	12:05
14-Feb	（当前年）2020/2/14	上午 12 时 5 分	0:05

但有的时候，我们不想使用这种默认的日期和时间格式，因此可以随时设置日期和时间的显示方式。

如想把 2024 年 2 月 14 日显示为二○二○年二月十四日，其操作方法如下：

（1）选中要设置时间的格式的单元格，然后选择【开始】菜单选项，单击【字体】组右下角的【功能扩展】按钮，打开【设置单元格格式】对话框，切换到【数字】选项卡。

（2）在【分类】列表框中，选择【日期】，在【类型】下拉列表框中选择一种时间的表示法，在这里选择【二○一二年三月十四日】，如图 4-70 所示。

（3）单击【确定】按钮即可按设置的日期进行显示了，如图 4-71 所示。

图 4-70　　　　　　　　　　　　　　图 4-71

4.5.4　设置列宽与行高

由于单元格中数据的长度不同，所以有时候行高、列宽就显得不太合适，有的列过窄，有的列又太宽，有些浪费空间，因此可以调整单元格的行高或列宽。

在默认情况下，单元格以一个默认的数值作为列宽，如果觉得这个数值不满意，可以对其标准列宽进行调整，在调整标准列宽前的工作表是正常默认的宽度。

1. 设置行高

（1）选中行，使用鼠标右键单击，在弹出菜单中选择【行高】命令，打开【行高】对话框，在【行高】文本框中输入数字，如 30，如图 4-72 所示。

（2）单击【确定】，此时所选每行单元格的高度都变为更改后的高度。

2. 设置列宽

（1）选中列，使用鼠标右键单击，在弹出菜单中选择【列宽】命令，打开【列宽】对话框，在【列宽】文本框中输入数字，如 12，如图 4-73 所示。

（2）单击【确定】按钮，此时所选每列单元格的宽度都变为更改后的宽度。

图 4-72　　　　　　　　图 4-73

> **提示：** 将光标移到要调整宽度的列的列标右侧边框，光标变成✛形状。按下鼠标并拖动就可以改变列宽，随着鼠标的移动，有一条虚线指示此时释放鼠标左键时列的右框线的位置，并且指针的右上角也显示出此时的列宽。调整行高也可以使用与此类似的方法。如果要调整最适合的列宽，将光标移到要调整宽度的列的右侧边框，光标变成✛形状，双击鼠标，列宽就会自动调整到最合适的宽度。同样，在一行单元格的行号处，用鼠标双击该行的下框线，该行就会按单元格的内容自动调整到最合适的行高。

4.5.5　设置文本对齐和文本方向

单元格中的文字也可以进行排版操作，如设置文字水平对齐、垂直对齐和文字方向等。

水平对齐方式，除了可以使用【开始】菜单选项中【对齐方式】组的对齐按钮≡≡≡进行设置外，也可以利用下面的方法进行设置：

（1）选中要设置水平对齐方式的单元格。选择【开始】菜单选项，单击【对齐方式】组右下角的【功能扩展】按钮▫，打开【设置单元格格式】对话框，如图4-74所示。

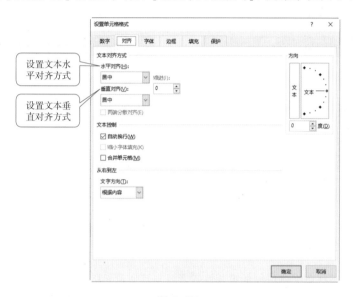

图 4-74

（2）从【水平对齐】下拉列表框中选择水平对齐方式，从【垂直对齐】下拉列表框中选择垂直对齐方式。

> **提示：** 如果需要将单元格合并或者是希望单元格能跨列，可以选中【合并单元格】复选框，如果不想让文字自动进入下一个单元格（这在打印时经常用到），就选中【自动换行】复选框，如果要保持单元格大小不变，那么只好选中【缩小字体填充】复选框了。

（3）单击【确定】按钮即可。

单元格文字的方向不仅可以水平排列和垂直排列，还可以旋转。方法是在【对齐】选项卡中，在【方向】栏中，选择文本指向的方向，或者在微调框中输入角度数即可，设置文本方向及效果如图4-75所示。

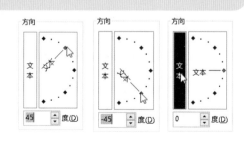

图 4-75

4.5.6 单元格合并居中

通常在设计表格时，我们都希望标题放在整个数据的中间，最为简单的方法就是使用单元格合并和居中。其具体方法如下。

（1）在"置业顾问销控 2018.11.24.xlsx"工作簿的【Sheet1】表格中，选择 A2 单元格，如图 4-76 所示。

（2）选择【开始】菜单选项，单击【对齐方式】组中的【合并居中】按钮，即可把选定的单元格以及单元格中的内容合并和居中了，合并居中的效果如图 4-77 所示。

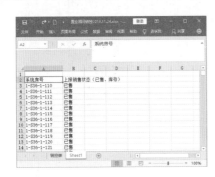

图 4-76

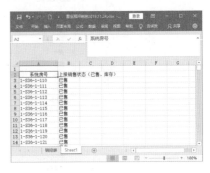

图 4-77

4.5.7 设置单元格的边框

为了突出某些单元格区域的重要性或者要与其他单元格区域有所区别，可以为这些单元格区域添加边框、底纹或图案。

在 Excel 中，默认情况下，表格线都是统一的虚线，这些虚线在打印时是没有的，如果需要让这些表线在打印时出现，用户既可以使用【边框】按钮设置，也可以使用【单元格式】对话框设置单元格的边框，下面分别介绍。

如果在设置边框格式的同时，还需要设置边框的线型和颜色等，那么还是使用【单元格格式】对话框进行设置比较方便。

其具体操作步骤如下：

（1）选定需要添加边框的单元格或单元格区域，仍然选中"置业顾问销控 2018.11.24.xlsx"工作簿的【Sheet1】表格中的 A2 单元格。

（2）选择【开始】菜单选项，单击【字体】组右下角的【功能扩展】按钮，打开【设置单元格格式】对话框。

（3）单击【边框】选项卡，切换到【边框】选项卡。

（4）在【边框】选项组中通过单击【外边框】、【内部】可以添加外边框和内部边框，如图 4-78 所示。在这里单击选中【外边框】。

在【边框】选项组中可以通过单击相应的边框样式来添

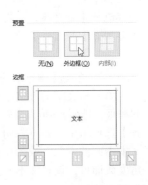

图 4-78

加上、下、左、右、斜向上表头、斜向下表头，如图4-79所示。

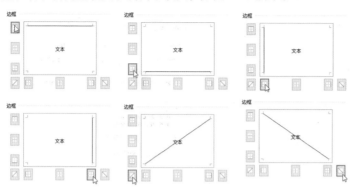

图 4-79

（5）在【样式】列表框中为边框设置线条的样式，如图4-80所示。选择样式后，可以多次在【预置】选项组和【边框】选项组中单击需要的样式，这样就可以得到不同的框线效果。

（6）单击【颜色】下拉箭头，在弹出的颜色面板中选择边框的颜色，如图4-81所示。在这里选择【红色】。

（7）完成设置后，单击【确定】按钮，效果如图4-82所示。

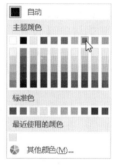

图 4-80 　　　　图 4-81

提示：单击【字体】组中的【下框线】按钮 ▦ ▾ 右侧的向下箭头，在弹出的下拉菜单中可以快速设置单元格边框，如图4-83所示。

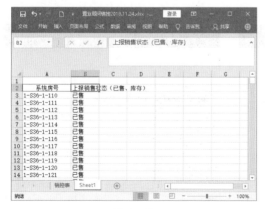

图 4-82 　　　　　　　　　图 4-83

4.5.8 设置表格的底纹和图案

如果希望为单元格背景填充纯色，可以使用【格式】工具栏上的【填充颜色】按钮。如果希望为单元格背景填充图案，则要使用【单元格格式】对话框中的【图案】选项卡来完成。其具体操作步骤如下：

（1）选中要填充背景的单元格或单元格区域，仍然选中"置业顾问销控2018.11.24.xlsx"工作簿的【Sheet1】表格中的 A2 单元格。

（2）选择【开始】菜单选项，单击【字体】组右下角的【功能扩展】按钮，打开【设置单元格格式】对话框。

（3）在【设置单元格格式】对话框中单击切换到【填充】选项卡，如图 4-84 所示。

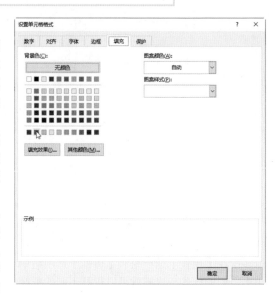

图 4-84

（4）在【颜色】区域选择需要的颜色，在这里单击选择【红色】颜色框，即可用这种颜色填充所选定的单元格区域。

（5）继续为单元格的背景设置底纹图案，单击打开【图案】下拉列表，然后选择合适的图案，这些图案称为底纹样式。在这里选择【25% 灰色】，如图 4-85 所示。

（6）单击【确定】按钮，即可把所选的单元格设置了底纹颜色。效果如图 4-86 所示。对 B2 单元格进行上述同样的操作，并将 A2、B2 单元格中的文本颜色设置为【白色】，调整 B2 的列宽至合适大小，效果如图 4-87 所示。

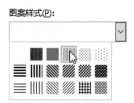

图 4-85

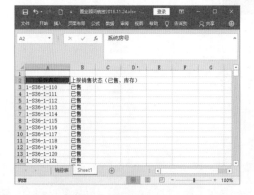

图 4-86

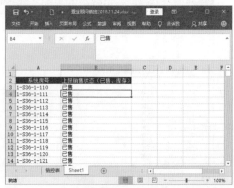

图 4-87

4.5.9 设置单元格的特殊显示方式

设置单元格的特殊显示方式有很大的作用，例如，打开"寰宇养生堂订单150807.xlsx"工作簿，要显示"2020年订单模板"表格中G5列中金额大于500以上的订单表，如果有金额高于500的，可以用特殊的格式（颜色或字体）来显示。其具体操作方法如下：

（1）选中表示金额的所有单元格，单击【开始】菜单中的【样式】组中的【条件格式】按钮，在弹出的下拉菜单中选择【突出显示单元格规则】|【大于】命令，如图4-88所示。

图 4-88

（2）打开【条件格式】对话框，如图4-89所示。

（3）按照图4-90所示进行设置。

图 4-89

图 4-90

（4）单击【确定】按钮，效果如图4-91所示。

> **注意：** 如果要想删除条件，只需在【条件格式】按钮下拉菜单中选择【清除规则】命令，然后在子菜单中选择要删除的条件即可，如图4-92所示。

图 4-91

图 4-92

4.6 页面设置

Excel 提供了多种方法来查看工作表和调整打印效果。除了打印预览以外，还有以下两种。

· 【普通】视图：是默认视图，最适于屏幕查看和操作。

· 分页预览：显示每一页中所包含的数据，以便快速调整打印区域和分页符。

4.6.1 页面设置

如果想将数据以横向方式打印在纸张上，或者是放大、缩小显示，可以选择【页面布局】菜单选项，单击【页面设置】组右下角的【功能扩展】按钮，打开【页面设置】对话框进行设置，如图 4-93 所示。

在【页面设置】对话框中，切换到【页面】选项卡，可进行下面的设置。

（1）在【方向】选项组中选中【纵向】或者【横向】单选按钮，决定纸张的方向。

（2）在【缩放】选项组中，可以控制打印数据的放大、缩小值。需要注意的是，缩放打印数据中，可能会造成页码重新编排。而当缩放比例为 100% 时，是正常大小；大于 100%，表示要放大打印；小于 100%，表示缩小打印。

图 4-93

（3）【调整为 × 页宽 × 页高】选项是用来将大型报表缩小打印，并不具备放大功能。例如，一份数据正常打印需要 8 页，即 2 页宽、4 页高或 4 页高、2 页宽，但如果希望将数据的宽度缩小为 1 页宽、3 页高，就可以在【缩放】选区中，选中【调整为】单选按钮，然后再在右边的栏中设置为 1 页宽、3 页高，那么就会自动调整数据的比例，使数据可以在 3 页中打印出来。

（4）【起始页码】用来设置页码的起始编号，默认值为【自动】，表示从 1 开始编号，依此类推，如果希望页码从 20 开始编号，就在【起始页码】文本框输入 20。

4.6.2 调整页边距

在【页面设置】对话框中，切换到【页边距】选项卡。

· 在【页边距】选项卡的【上】、【下】、【左】、【右】、【页眉】、【页脚】微调框中单击其上下微调按钮或直接输入数值即可，如图 4-94 所示，注意其中的单位为厘米。

·居中方式：数据通常以上边界和左边界的交点开始打印，所以打印的数据集中在纸的左上方，但是若在【居中方式】选项组中选择【水平】复选框，则可将数据集中在水平线的中央，如果选择【垂直】复选框，那么数据会集中在垂直线的中央，如果两者都选中，数据就打印在纸的中央了。

4.6.3　设置页眉、页脚

报表中除了数据外，还可以在报表的页眉、页脚加上打印时间和页数等，可以在查阅报表时，更清楚地知道报表的背景。

在【页面设置】对话框中，切换到【页眉 / 页脚】选项卡，如图 4-95 所示。

（1）如果要使用 Excel 预置的页眉和页脚，只要按【页眉】或者【页脚】下拉列表框右边的下拉箭头，选择想要的页眉或者页脚即可，如图 4-96、图 4-97 所示。

（2）如果预置的页眉、页脚中，没有需要的，也可以自定义页眉和页脚。方法是单击【自定义页眉】或【自定义页脚】按钮，打开如图 4-98、图 4-99 所示的对话框（这里以【自定义页眉】为例）。图中的 3 个空白文本框分别代表页眉的左、中、右 3 个位置，这样不仅可以设置页眉（页脚）的显示内容，还可以选择内容显示的位置。

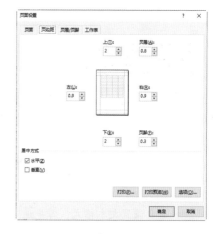

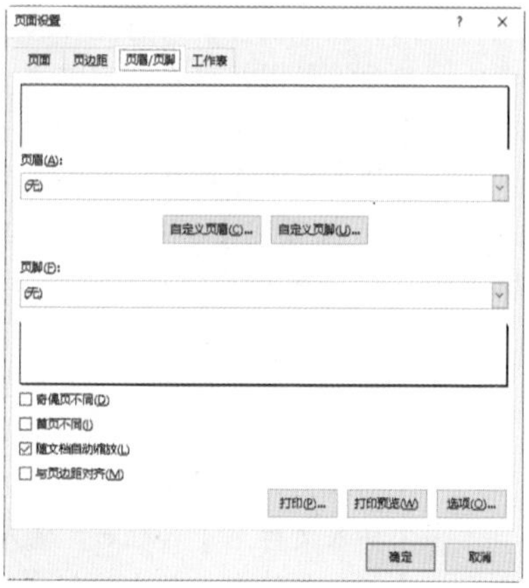

图 4-94

图 4-95

图 4-96 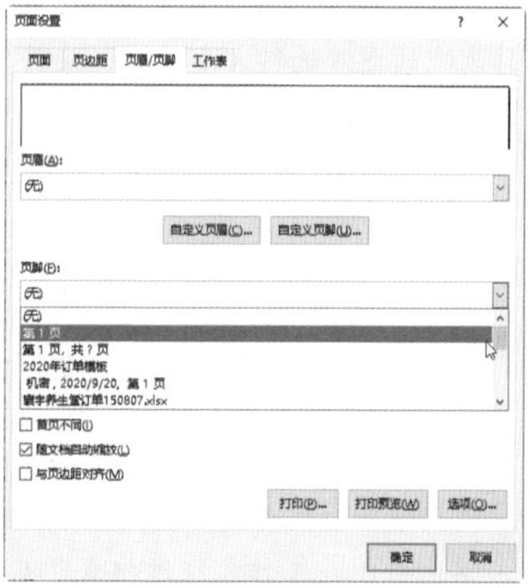　　　　　　　　图 4-97

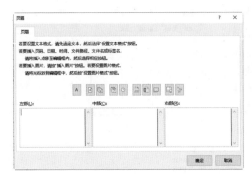

图 4-98   图 4-99

·若要设置文本格式，首先选定文本，然后单击【设置文本格式】按钮；

·若要插入页码、日期、时间、文件路径、文件名或标签名，首先将光标移至相应的编辑框内，然后单击相应的按钮；

·若要插入图片，则将光标移至相应的编辑框内，然后单击【插入图片】按钮；

·若要设置图片格式，则单击【设置图片格式】按钮。

在【页眉】或【页脚】对话框中，各个按钮作用如下。

·【格式文本】按钮 ：更改左、中、右框中所选文本的字体、字号和文本样式。

·【插入页码】按钮 ：打印工作表时，在页眉或页脚中插入页码，在添加或 Microsoft Excel 删除数据或设置分页符时，将自动更新页码。

·【插入页数】按钮 ：打印工作表时，在活动工作表中插入总页码并自动调整页码。

·【插入日期】按钮 ：插入当前日期。

·【插入时间】按钮 ：插入当前时间。

·【插入文件路径】按钮 ：插入活动工作簿的路径。

·【插入文件名】按钮 ：插入活动工作簿的文件名。

·【插入数据表名称】按钮 ：插入数据表名称。

·【插入图片】按钮 ：允许选择要放置在活动工作表中的图片。

·【设置图片格式】按钮 ：单击打开【设置图片格式】对话框，允许对放置在活动工作表中的图片进行大小设置、旋转、缩放、裁剪和调整。

（3）单击【确定】按钮。当返回到【打印预览】模式时，就在页眉或页脚区域中设置了自定义的页眉或页脚。单击【确定】按钮关闭【页面设置】对话框。

4.6.4　设置工作表

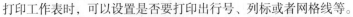

打印工作表时，可以设置是否要打印出行号、列标或者网格线等。

（1）在【页面设置】对话框中，切换到【工作表】选项卡，如图 4-100 所示。

其中【打印】选区中的几个选项意义如下。

·网格线：如果要打印出网格线，选中【网格线】复选框。

·单色打印：工作表经过格式化后，可能增加了许多图案和色彩，屏幕上看起来很美观，但是如果打印机是黑白打印机的话，可能打印出来的是一片黑黑灰灰的工作表，选中【单色打印】复选框，可以清除一些图案效果。

·行和列标题：选中该复选框可打印行号和
列标。

·按草稿方式：按草稿方式打印质量较为粗
糙，但是可缩短打印时间，节省耗材，一般在测
试打印时可以使用该选项。

·注释：选中该复选框，工作表中的批注也
可以打印出来。

·错误单元格打印为：指定在打印文档中错
误显示的方式，选择【显示值】将按屏幕上显示
的形式来打印错误；选择【〈 空白 〉】将打印空
白单元格，而不是错误；选择【--】或【#N/A】
将打印这些字符，而不是单元格错误。

Excel 有两种打印顺序：先行后列、先列后行，
这两种方式的打印顺序有所不同。

（2）单击【确定】按钮关闭【页面设置】对话框。

图 4-100

4.6.5　表格的分页

如果要在普通模式下查看工作表的分页情况，其操作如下。

（1）选择【视图】菜单选项，单击【工作簿视图】面板中的【分页预览】按钮，
此时工作表就被自动进行了分页处理，如图 4-101 所示。

（2）将光标移至蓝色虚线上，可按下鼠标左键拖动蓝色页面范围。

在【分页预览】模式下，直接调整分页线就可以调整分页的位置，并且在打印时会
自动调整打印比例。如果正
好有一列数据在分页线的右
侧，被分到了第 2 页，这样
打印出来的数据肯定会看不
明白，此时就可以将光标移
到分页线上，当光标变成双
箭头形状时，拖动分页线直
到 1 列的右框线上，再释放
鼠标左键即可，这样 1 列被
分到了上一页。

在【分页预览】视图模
式下，可以看到哪些数据在
第一页，哪些数据在第二页。
要回到正常视图模式，单击
【普通】按钮即可。

图 4-101

4.7 打印工作表

当一个工作簿中的各张工作表输入、编辑好之后，再进行些相关的页面设置，然后就可以通过打印机将内容输出到纸张上。

4.7.1 打印预览

打印预览可以在打印之前在屏幕上看到打印的效果，这样，如果发现有什么不妥的地方，可以立即修改，节省打印机的耗材及打印时间。

执行【文件】|【打印】命令，在右侧的预览区域就可以预览要打印的工作表了，如图 4-102 所示。

· 如果打印的数据较多，Excel 会自动分页，并可以在预览区域下方的状态栏看到数据被分成几页，当前是哪一页，还可以利用【上一页】按钮◀、【下一页】按钮▶或者鼠标滚轮上下滚动条来查看不同页。

· 在打印预览区域可以整页预览和缩放到页面预览。默认的预览模式是以缩放到页面预览的方式显示的，由于受屏幕的限制，数据会被缩小，所以只能看到大致的排版情况，单击【缩放到页面】按钮🔲，就可以放大或缩小打印预览的显示比例，如图 4-103 所示。当再单击一次【缩放到页面】按钮🔲，又会回到原来的显示比例。

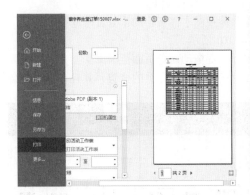

图 4-102

图 4-103

· 单击【显示边距】按钮🔲，会出现很多可以调整的页边距和列宽的虚线和控制点，拖动虚线或者虚线两端的控制点（当光标呈现为✛形状时）可以调整页面的上、下边距，左、右边距，页眉区域和页脚区域的大小、列宽。

4.7.2 选择打印区域

如果要打印某一部分，可以选中要打印的部分，方法是：

（1）选中要打印的部分，然后执行【文件】|【打印】命令。

（2）单击【设置】下的 ▦ 图标右侧的向下箭头，在打开的下拉列表中选择【打印选定区域】命令，如图 4-104 所示。

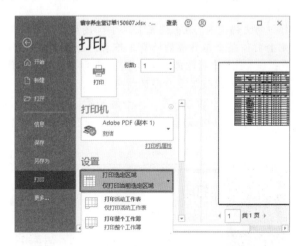

图 4-104

（3）单击【打印】按钮 🖶，就可以开始打印了。

4.7.3 打印工作表

对工作表编辑完成，并正确设置页面后，就可以进行打印了。如果不需要设置打印的参数，就可以直接进行打印。

（1）执行【文件】|【打印】命令，或按 Ctrl+P 快捷键，打开【打印】页面，如图 4-105 所示。

图 4-105

（2）在【份数】微调框中，设置打印的份数。

（3）在【打印机】下拉列表框中，选择相应的打印机。

（4）如果要设置打印机的属性，则可以单击【打印机属性】超链接按钮进行设置。

（5）在【设置】选项组中进行相应设置：

·选取要进行打印的文档范围。在【设置】下的 ▦ 图标的下拉列表中，如果选择【打印整个工作簿】，则会打印整个工作簿的所有工作表；如果选择【打印活动工作表】，则打印当前的工作表；如果选择【打印选定区域】，则打印当前活动工作表中选定的区域。

·在 页数 □ 至 □ 中，可以设置要打印的特定页数，比如只打印第 2 页到第 5 页，则设置为 2 至 5。如果要打印其中的某一页，比如第 3 页，则设置为 3 至 3。

（6）如果要打印到文件上，可以选中【打印机】下拉列表中的【打印到文件】命令，如图 4-106 所示。

图 4-106

（7）单击【打印】按钮 🖨，就可以进行打印了。

第 5 章

Excel 高级应用

本章导读

　　Excel 不仅可以制作一般的表格，而且可以输入数据清单，也可以对数据清单进行排序、筛选、分类汇总等，还可以根据数据清单分析数据，得出其他有用的信息，也就是创建数据透视表和数据透视图管理数据的高级操作。

　　图表功能是 Excel 重要的一部分，根据工作表中的数据，可以创建直观、形象的图表。Excel 提供了数十种图表类型，使用户可以选择恰当的方式表达数据信息，并且可以自定义图表、设置图表各部分的格式。本章将讲解在 Excel 中创建数据清单，创建和编辑图表，美化图表，进行数据分析等高级应用，以及 Excel 的高级应用技巧。

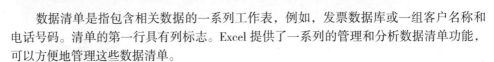

5.1 创建成绩统计表：数据清单

数据清单是指包含相关数据的一系列工作表，例如，发票数据库或一组客户名称和电话号码。清单的第一行具有列标志。Excel 提供了一系列的管理和分析数据清单功能，可以方便地管理这些数据清单。

在数据清单中，一样可以建立公式来计算字段的数值。要在工作表中建立数据清单，只要在单元格中输入数据即可，输入时，最好遵守前面介绍的规则，最重要的是：

· 第一行输入各列数据所代表的意义。

· 不要有空行。

· 一列中的数据所代表的意义相同。

> **注意：** 数据清单的第一行，是该数据清单的各字段名称，其余为数据行，每一行代表一条记录。其第一行数据要设置为文本格式，不能为数据的格式。一个工作表中最好只建立一个数据清单，因为一些清单管理功能只能在一个数据清单中使用，如筛选，一次只能在一个数据清单中使用。而且不能在数据清单中有空行和空列，这样方便 Excel 检测和选定数据清单。

5.1.1 建立数据清单

数据清单的来源有两种：

· 一种是直接在工作表中输入数据清单。

· 另一种是导入外部数据。导入的数据可以是记事本、Word 等，不过，导入文件中的数据一定要有规律，否则导入后，会比较零乱。

虽然数据清单与普通工作表一样，可以直接在单元格中输入数据，但如果要删除数据清单中的记录，直接就会删除，不会有任何提示。为了避免在输入数据时发生误操作，可以在工作表中用记录单来输入数据，这样在录入数据时比较直观，也不容易出错，特别是格式不容易出错，在管理数据时也比较方便。

在 Word 2019 中，将【记录单】命令添加到【数据】菜单选项的【数据工具】选项面板中的操作如下。

（1）单击顶部的【自定义快速访问工具栏】按钮 ，在弹出菜单中选择【其他命令】选项，打开【Excel 选项】对话框。

（2）单击切换到【自定义功能区】标签，在【从下列位置选择命令】的下拉列表中选择【所有命令】选项，在下面的列表框中单击选择【记录单】命令，如图 5-1 所示。

（3）在右侧的【自定义功能区】下拉列表中选择【主选项卡】，选中其下的【数据工具】选项，然后单击【新建组】按钮，创建一个名为【新建组（自定义）】的组，将其命名为【记录单】，如图 5-2 所示。

图 5-1　　　　　　　　　　　　图 5-2

　　（4）单击【添加】按钮，【记录单】命令就被添加到了【记录单（自定义）】组下了，如图 5-3 所示。

　　（5）单击【确定】按钮，关闭【Excel 选项】对话框。此时在【数据】菜单选项下就会看到新添加的【记录单】组了，如图 5-4 所示。

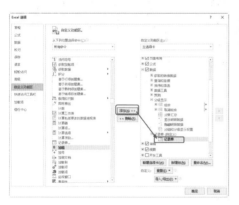

图 5-3　　　　　　　　　　　　图 5-4

　　下面介绍输入数据清单的方法：

　　（1）在工作表中的第一行，输入该数据清单的各字段名称，并在任意一个字段名称下输入相应的数据，如图 5-5 所示。

　　（2）选中数据清单中的第一个单元格，然后选择【数据】菜单选项，单击【记录单】组中的【记录单】命令按钮 ，在打开的对话框中列出了已经存在的第一个记录单，如图 5-6 所示。

　　（3）单击【新建】按钮，即可在相应的文本框中输入内容创建一条新的数据记录清

图 5-5

153

单，如图 5-7 所示。

> **提示：** 单击【新建】按钮，完成后按【关闭】按钮可将记录添加到数据清单的末尾；单击记录单窗口中的【上一条】、【下一条】按钮，或者按键盘的上下方向键，都可以浏览已经存在的记录。如想修改记录，单击【上一条】或者【下一条】按钮，显示所要修改的记录，然后在要修改的字段栏输入数据即可。如要删除记录，在记录单中显示该记录，然后单击【删除】按钮，再单击【确定】按钮。

（4）输入完成后，单击【新建】按钮，继续创建数据清单。

（5）完成后单击【关闭】按钮，添加的数据清单如图 5-8 所示。可见数据清单与普通的工作表是一样的。

图 5-6

图 5-7

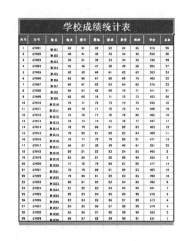

图 5-8

> **提示：** 用户也可以导入已经存在的外部数据，导入数据时，每次更新该数据，会自动更新 Excel 报表和汇总数据。导入的数据可以是记事本、Word 等，不过，最好导入文件中的数据要有一些规律，否则导入后，会很难理解。导入外部数据的方法是，选择【数据】|【导入外部数据】|【导入数据】命令，在打开的对话框中选择需要的文件，然后根据提示进行操作即可。除了可以导入一般文本文件外，还可以导入 Access 中的数据库文件。

5.1.2　查找条件记录

数据清单就犹如数据库，所谓数据库的管理，就是新增、编辑、删除、查找记录等。如果要进行这些操作，对于较大的数据来说，就需要查找符合的条件记录。

在查找记录时，通常会设置条件，符合条件的记录才会被显示出来。条件分为两类：

·字符串：Excel 在查找时，自动在后面加上 ★，所有以这个字符串开头的记录都是符合条件的；

·比较运算表达方式，如 >95。

（1）要查找记录，单击【记录单】窗口的【条件】按钮，这时【记录单】的各字段均被清空，并且【条件】按钮变为【表单】按钮。

（2）然后在要设置条件的字段栏输入条件，如要查找【总分】大于 360 的记录，那么在【总分】文本框中输入 >360，如图 5-9 所示。

（3）单击【下一条】按钮，就会显示符合条件的记录，如图 5-10 所示。继续单击【下一条】按钮，可以逐条查看符合要求的记录。

图 5-9

图 5-10

提示：对数据清单进行筛选、分类汇总等管理，需要指定数据清单的所在，只要选取整个数据清单的范围，或者选取任意一个单元格都可以指定数据清单的所在，Excel 会自动搜索，直到遇到空行或者空列为止。

5.1.3 排序数据

数据的排序需要设置以下两方面：

·排序关键字：指定要根据哪一个字段的值来排序；

·排序顺序：指定是按照值的升序排列（A 到 Z，或 0 到 9）或降序排列（Z 到 A，或 9 到 0）。

如果要对数据按照某一字段的值进行排序，步骤如下：

（1）在需要排序的数据列中单击任意一个单元格，在这里单击 L 列中的单元格。

（2）选择【数据】菜单选项，单击【排序和筛选】段落中的【排序】按钮，打开【排序】对话框，如图 5-11 所示。

图 5-11

（3）在【主要关键字】下拉列表框中选择要排序的字段，在这里选择【列 L】，然后选中【升序】或者【降序】单选按钮，在这里选中【升序】；如需次要关键字，那么就在【次要关键字】下拉列表框中选择需要排序的字段，并设置升序或者降序排列。

（4）如果单击【选项】按钮，则打开【排序选项】对话框，可以设置自定义排序顺序，一般可以根据需要选择排序方法是【字母排序】还是【笔划排序】，如图 5-12 所示。

（5）单击【确定】按钮，设置完毕，即可进行排序。排序的结果如图 5-13 所示。

此外，选中要排序的任意一个单元格后，单击【开始】菜单选项下【编辑】段落中的【排序和筛选】按钮的下拉菜单中的【升序】或【降序】即可排序，如图 5-14 所示。

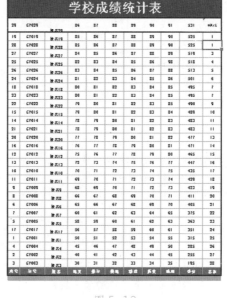

图 5-12   图 5-13   图 5-14

5.1.4 自动筛选数据

与排序不同，筛选并不重排清单。筛选只是暂时隐藏不必显示的行，而且一次只能对工作表中的一个数据清单使用筛选命令。

筛选是查找和处理数据清单中数据子集的快捷方法。筛选清单仅显示满足条件的行，该条件由用户针对某列指定。自动筛选包括按选定内容筛选，它适用于简单条件。

（1）在需要排序的数据清单中，单击任意一个单元格，在这里单击 K6 单元格。

（2）单击【排序和筛选】段落中的【筛选】按钮，这时数据清单就会在普通表格中的每个数据清单的列标题处出现下拉箭头，如图 5-15 所示。

（3）单击【语文】右边的箭头，就会弹出下拉列表，从中选择需要的字段，在这里选择"80"，如图 5-16 所示；单击【确定】按钮，此时只显示相应的记录，如图 5-17 所示。

学校成绩统计表（图5-15）

	学号	姓名	语文	数学	英语	政治	历史	地理	总分	名次
3	GY003	姓名3	30	31	32	33	34	35	195	29
2	GY002	姓名2	40	41	42	43	44	45	255	28
4	GY004	姓名4	45	46	47	48	49	50	285	27
1	GY001	姓名1	50	51	52	53	54	55	315	26
17	GY017	姓名17	56	57	58	59	60	61	351	25
5	GY005	姓名5	58	59	60	61	62	63	363	24
7	GY007	姓名7	60	61	62	63	64	65	375	23
6	GY006	姓名6	65	66	67	68	69	70	405	22
8	GY008	姓名8	66	67	68	69	70	71	411	21
9	GY009	姓名9	68	69	70	71	72	73	423	20
11	GY011	姓名11	69	70	71	72	73	74	429	19
10	GY010	姓名10	70	71	72	73	74	75	435	18
13	GY013	姓名13	72	73	74	75	76	77	447	17
12	GY012	姓名12	75	76	77	78	79	80	465	16
16	GY016	姓名16	77	78	79	80	81	82	477	15
20	GY020	姓名20	77	78	79	80	81	82	477	14
14	GY014	姓名14	78	79	80	81	82	83	483	12
21	GY021	姓名21	78	79	80	81	82	83	483	12
15	GY015	姓名15	79	80	81	82	83	84	489	11
22	GY022	姓名22	79	80	81	82	83	84	490	10
18	GY018	姓名18	80	81	82	83	84	85	495	8
23	GY023	姓名23	80	81	82	83	84	85	495	8
24	GY024	姓名24	81	82	83	84	85	86	501	7
26	GY026	姓名26	81	82	83	84	85	86	501	6
25	GY025	姓名25	82	83	84	85	86	87	512	5
27	GY027	姓名27	84	85	86	87	88	89	519	4
19	GY019	姓名19	84	85	86	87	88	89	525	3
28	GY028	姓名28	85	86	87	88	89	90	525	2
29	GY029	姓名29	86	87	88	89	90	91	531	1

图 5-15

图 5-16

学校成绩统计表（图5-17）

学号	姓名	语文	数学	英语	政治	历史	地理	总分	名次
GY018	姓名18	80	81	82	83	84	85	495	8
GY023	姓名23	80	81	82	83	84	85	495	8

图 5-17

5.2　为成绩统计表创建和编辑图表

创建图表前，首先认识一下图表的分类。

· Excel 中的图表按照插入的位置分类，可以分为内嵌图表和工作表图表。内嵌图表一般与其数据源一起，而工作表图表就是与数据源分离，占据整个工作表的图表。

· 按照表示数据的图形来区分，图表分为柱形图、饼图、曲线图等多种类型，同一数据源可以使用不同图表类型创建的图表，它们的数据是相同的，只是形式不同而已。

· 三维立体图表与其他图表都使用相同的数据源，只在选择图表类型时不一样。

创建图表的方法有多种，下面介绍其中常用的两种方法。

5.2.1 快速创建图表

如果不想对图表做任何特殊的设置，也就是使用默认的设置，那么不使用图表向导生成图表，而使用快捷键和工具栏可以快速创建图表。

1. 使用快捷键创建图表

选中作为图表数据源的单元格范围，在这里选中所有的单元格，按键盘上的 F11 键，就会在工作簿中插入一个新的工作表【Chart1】，在整个工作表中插入默认类型的图表，如图 5-18 所示。

将【图表标题】更改为"学校成绩统计表"，并将标题颜色更改为【橙色】，如图 5-19 所示。

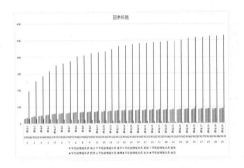
图 5-18

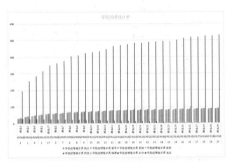
图 5-19

> **提示：** 在使用快捷键创建图表时，会自动使用默认的图表类型来创建图表，那么如何更改默认的图表类型呢？方法是，在激活一个图表后，使用鼠标右键单击图表，在弹出的菜单中选择【更改系列图表类型】命令，打开【图表类型】对话框。在【所有图表】选项卡左侧列表框中选择图表类型，比如选择【柱形图】；在右侧顶端单击柱状图的类型图标选择柱状图类型，然后单击【确定】按钮即可。此后，每次新建一个图表，无论是什么形状的图表，其格式都以所设置的图表的颜色和填充色为准。

2. 使用【插入】菜单选项的【图表】段落中的工具按钮创建图表

使用【插入】菜单选项的【图表】段落中的相应工具按钮可以有机会选择图表类型。

（1）选中要作为图表数据源的单元格范围，在这里依然选择表中的所有单元格。

（2）单击【插入】菜单选项下的【图表】段落中的相应图表类型按钮，比如单击【柱形图或条形图】按钮，在打开的面板中单击选择【三维条形图】分组下的【三维堆积条形图】图表选项，如图 5-20 所示。

（3）此时就会在当前工作表中插入一个内嵌图表，插入的内嵌图表需要重新设置【图表标题】，在这里将其设置为"学校成绩统计表"，颜色设置为【橙色】，如图 5-21 所示。可以移动图表位置，也可以单击图表、拖动图表四周的控制点缩放图标。

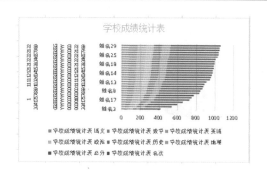

图 5-20　　　　　　　　　　　图 5-21

5.2.2　利用【插入图表】对话框插入图表

利用【插入图表】对话框插入图表的方法如下。

（1）使用【插入图表】对话框插入图表之前，先要选择作为图表数据源的单元格范围。在工作表中，可以用鼠标选取连续范围，也可以配合键盘上的 Ctrl 键，选取不连续的范围。在这里依然选择"成绩记录表"中的所有单元格。

（2）选择单元格范围作为数据源后，选择【插入】菜单选项，然后单击【图表】段落右下角的【功能扩展】按钮，打开【插入图表】对话框，如图 5-22 所示。

（3）在【所有图表】选项卡左侧，单击选择一种图表类型，比如选择【饼图】；在右侧顶端的图表类型中单击选择一种图表子类型，在这里选择【三维饼图】图表，如图 5-23 所示。

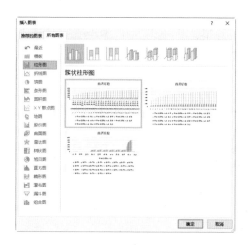

图 5-22　　　　　　　　　　　图 5-23

（4）单击【确定】按钮，即可插入一张图表，如图 5-24 所示。

（5）此时会发现，统计图表中的数据是不完整的。则重新选择"成绩记录表"表格中所有单元格，打开【插入图表】对话框，在【推荐的图表】选项卡的列表中选择【折线图】

或【排列图】，在这里单击选择【折线图】，然后单击【确定】按钮，重新插入内嵌图表，并设置其标题为"学校成绩统计表"、颜色设置为【橙色】，如图 5-25 所示。

 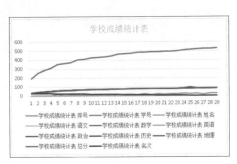

图 5-24   图 5-25

5.2.3　选中图表的某个部分

在介绍如何修改图表的组成部分之前，先介绍一下如何正确地选中要修改的部分。前面已经介绍过，只要单击就可以选中图表中的各部分，但是有些部分很难准确地选中。

下面介绍一种准确选中图表各部分的方法：

（1）单击激活图表，在图表右侧会出现三个工具按钮，从上到下分别是【图表元素】 ➕、【图表样式】 🖌 和【图表筛选器】 ▼，如图 5-26 所示。

（2）单击【图表筛选器】工具按钮 ▼，打开如图 5-27 所示浮动面板。

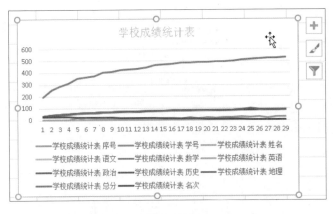 

图 5-26   图 5-27

（2）单击右下角的【选择数据】超链接，打开【选择数据源】对话框。在【图例项（系列）】的列表框中，可以看到该图表中的各个组成部分，从中选择图表需要的部分即可。在这里选择列表框中的前四项和后两项：序号、学号、姓名、语文、总分、名次，如图 5-28 所示。

图 5-28

（3）单击【确定】按钮，筛选后的图表就变成了如图 5-29 所示的效果。

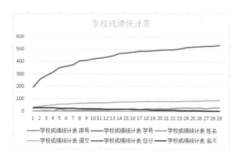

图 5-29

5.2.4　改变图表类型

由于图表类型不同，坐标轴、网格线等设置不尽相同，所以在转换图表类型时，有些设置会丢失。改变图表类型的快捷方法是，单击【设计】菜单选项中的【类型】段落中的【更改图表类型】按钮，在弹出的【更改图表类型】对话框中选择所需图表类型即可。

也可以使用下面的方法改变图表类型：使用鼠标右键单击图表空白处，然后在弹出菜单中选择【更改图表类型】命令，打开【图表类型】对话框进行设置。如图 5-30 所示为更改图表三维类型后的一个效果图。

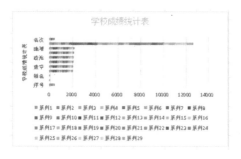

图 5-30

> **提示：** 在图表上的任意位置单击，都可以激活图表。要想改变图表大小，在图表绘图区的边框上单击鼠标左键，就会显示出控制点，将鼠标指针移到控制点附近，鼠标指针变成双箭头形状，这时按下鼠标左键并拖动就可以改变图表的大小。在拖动过程中，有虚线指示此时释放鼠标左键时图表的轮廓，要移动图表的位置，只需在图表范围内，在任意空白位置按下鼠标左键并拖动就可以移动图表，在鼠标拖动过程中，有虚线指示此时释放鼠标左键时图表的轮廓。

5.2.5 移动或者删除图表的组成元素

图表生成后，可以对其进行编辑，如制作图表标题、向图表中添加文本、设置图表选项、删除数据系列、移动和复制图表等。

要想移动或者删除图表中的元素，和移动或改变图表大小的方法相似，用鼠标左键单击要移动的元素，该元素就会出现控制点，拖动控制点就可以改变大小或者移动，如图 5-31 所示。

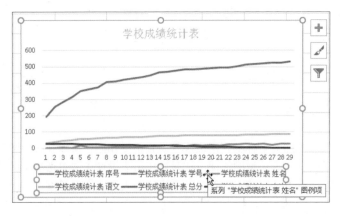

图 5-31

按下键盘上的"Del"键就可以删除选中的元素，删除其中一组元素后，图表将显示余下的元素。

5.2.6 在图表中添加自选图形或文本

用户可向图表中添加自选图形，再在自选图形中添加文本（但线条、连接符和任意多边形除外），以使图表更加具有效果性。其方法如下：

（1）选择【插入】菜单选项，单击【插图】段落中的【形状】按钮 ，在打开的形状浮动面板中选择相应的工具按钮，如图 5-32 所示。

（3）为图表添加各种文字，使该图表更有说明效果，如图 5-33 所示。然后调整插入形状的大小和位置，并设置文字的格式。

图 5-32

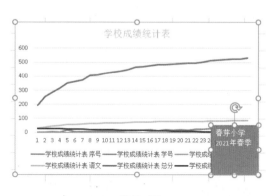

图 5-33

注意： 这里只是举例说明添加自选图形或文本的方法，其实图表的标题是可以在设置图表选项时添加的。

5.2.7　应用内置的图表样式

用户创建好图表后，为了使图表更加美观，可以设置图表的样式。通常情况下，最方便快速的方法就是应用 Excel 提供的内置样式。

其操作方法如下：

（1）图 5-34 为前面 5.2.1 节【快速创建图表】中使用快捷键创建好的图表，可以更改下图表的样式。

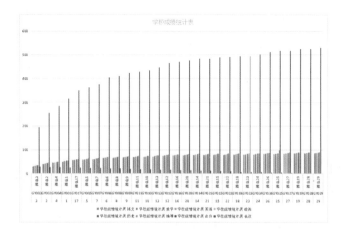

图 5-34

（2）使用鼠标左键单击图表空白处选中整个图表，然后选择【设计】菜单选项，在【图表样式】段落中单击【其他命令】按钮，如图5-35所示。

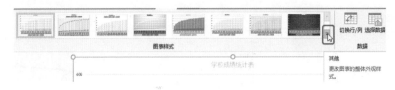

图 5-35

（3）在展开的【图表样式】面板中，单击选择一种样式进行应用即可，如图5-36所示。

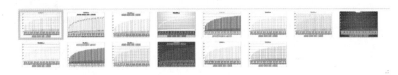

图 5-36

（4）选择【样式5】，图表变成了如图5-37所示的效果。

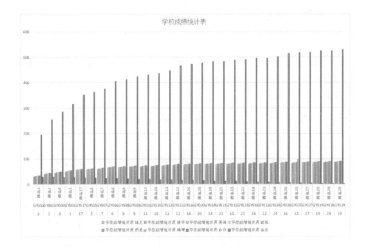

图 5-37

5.3 美化成绩统计表

制作好一个圆柱形图表后，可以更改图表标题、网格线、图例、坐标轴、数据标志和数据表等。

5.3.1 修改图表绘图区域

图表绘图区的背景色默认情况下是白色的，如果用户对这种颜色不满意，可以通过拖动设置来修改绘图区的背景色。用户可以为绘图区的背景添加上纯色、渐变填充、图片填充和图案填充等背景。

图 5-38 为前面 5.2.1【快速创建图表】中使用快捷键创建好的图表，修改图表绘图区域的方法如下。

使用鼠标右键单击图表空白处，在弹出菜单中选择【设置图表区域格式】命令，打开【设置图表区格式】任务窗格，该窗格的【图表】标签下有【填充与线条】、【效果】和【大小与属性】三个选项图标按钮，如图 5-39 所示。

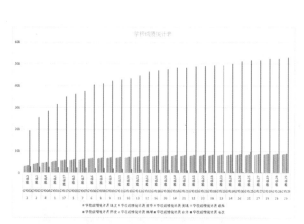

图 5-38

图 5-39

1. 设置图表绘图区填充

在【填充与线条】选项卡中，可以设置绘图区的填充与边框。

（1）在【边框】选项组，可以设置框线的样式、颜色、宽度、透明度等，如图 5-40 所示。

（2）在【填充】选项组，可以设置绘图区域为【纯色填充】、【渐变填充】、【图片或纹理填充】、【图案填充】等，还可以指定填充的颜色，如图 5-41 所示。

· 纯色填充。选中【纯色填充】单选按钮，然后单击【填充颜色】按钮，在打开的颜色面板中为填充指定一种颜色，如图 5-42 所示。图 5-43 为橙色填充的图表效果。

图 5-40　　　　图 5-41

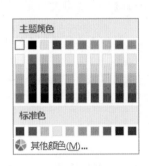

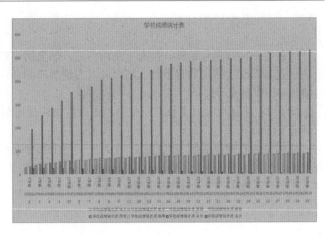

图 5-42　　　　　　　　　　　　　图 5-43

·渐变填充。选中【渐变填充】单选按钮，【填充】分组变成如图 5-44 所示的样子，此时可以设置渐变填充的各种参数，图 5-45 为其中的一种效果。

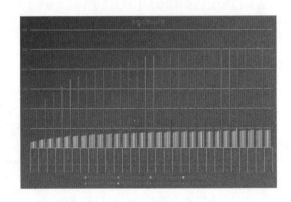

图 5-44　　　　　　　　　　　　　图 5-45

单击选中每一个渐变光圈点，为其设置不同的渐变色，如图 5-46 所示。

图 5-46

·图片或纹理填充。选中【图片或纹理填充】单选按钮，【填充】分组变成如图 5-47

所示的样子。在【图片源】项下单击选择【插入】或【剪贴板】按钮，可以为绘图区域设置图片填充；在【纹理】项右侧单击【纹理】 ，可以为绘图区设置纹理填充。图 5-48 为纹理填充的一种图表效果。

·图案填充。选中【图案填充】单选按钮，【填充】分组变成如图 5-49 所示。

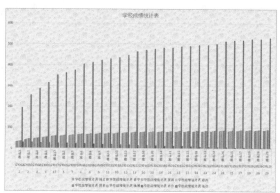

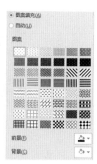

图 5-47　　　　　　　　　　图 5-48　　　　　　　　　　图 5-49

2. 设置绘图区效果

在【效果】选项卡中，可以为绘图区指定阴影、发光、柔化边缘、三维格式等效果，如图 5-50 所示。图 5-51 为指定的三维效果图。

图 5-50

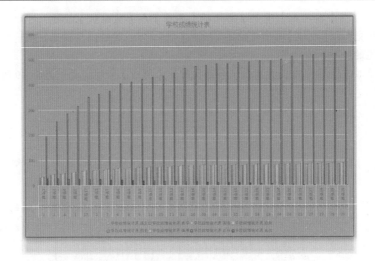

图 5-51

3. 设置图表绘图区的大小与属性

在【大小与属性】选项卡中，可以设置图表绘图区的大小和属性参数，如图 5-52 所示。

4. 设置图表区中的文本填充和轮廓

单击【设置图表区格式】任务窗格中的【文本选项】，切换到【文本选项】标签中，如图 5-53 所示。

图 5-52 　　　　　　　　　　　　　　　图 5-53

·在【文本填充】项下可以选择设置【无填充】、【纯色填充】、【渐变填充】和【图案填充，具体操作方法与前面设置图表绘图区填充的方法类似；在【文本轮廓】项下可以选择设置【无线条轮廓】、【实线轮廓】或【渐变线轮廓】。

·切换到【文本效果】选项卡中，可以为图表中的文本设置阴影、映像、发光、柔化边缘、三维格式、三维旋转效果，如图 5-54 所示。图 5-55 为其中的一种文本效果。

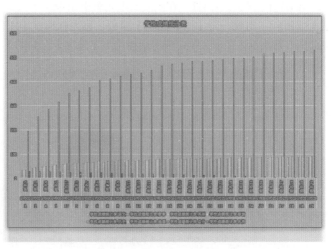

图 5-54   图 5-55

·切换到【文本框】选项卡中，可以为图表中选定的文本框中的文本设置垂直对齐方式、文字方向、自定义旋转角度等属性，如图 5-56 所示。注意这里的操作只能针对图表中某一个文本框进行，单独选择图表中的文本框才能有效。比如选中【垂直（值）轴】文本框，然后设置【文字方向】为【竖排】，图表效果如图 5-57 所示。

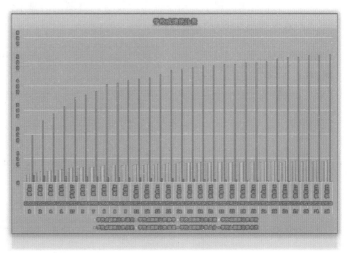

图 5-56   图 5-57

5.3.2 调整图例位置

图例是辨别图表中数据的依据，使用图例可以更有效地查看图表中的数据，这对于数据比较复杂的图表有重要的作用。如果要调整图表中的图例位置，可以按照下面的方法进行。

（1）单击图表空白处，在图表右上角就会出现三个工具按钮，单击其中的【图表元素】按钮 ，出现一个【图表元素】面板，将光标移至【图例】选项上，然后单击其右侧的向右箭头 ，在子菜单中单击选择【更多选项】，如图5-58所示。

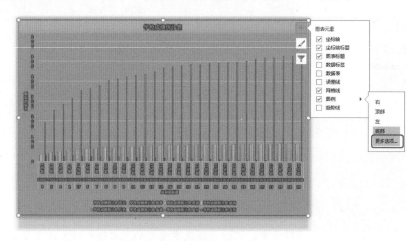

图 5-58

（2）此时打开了【设置图例格式】任务窗格，图5-59所示的为设置图例位置的选项卡。

（3）在【图例位置】分组下就可以设置调整图例的显示位置了。如选择【靠右】，则图表的效果如图5-60所示。

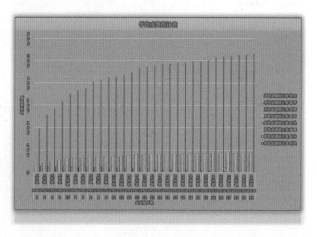

图 5-59   图 5-60

5.3.3 显示数据标签

在图表中还可以在相应的位置显示具体的数值，这样可以更直观地比较图表。操作方法如下：

（1）单击图表空白处，在图表右上角就会出现三个工具按钮，单击其中的【图表元素】按钮，出现一个【图表元素】面板，单击选择【数据标签】选项，然后单击其右侧的向右箭头 ▶，在子菜单中单击选择【更多选项】。

（2）此时打开了【设置数据标签格式】任务窗格，单击【标签选项】图标，切换到【标签选项】选项卡，如图 5-61 所示。

（3）此时可以在【标签包括】分组下选择要显示的标签内容，在【标签位置】分组下可以选择标签的显示位置：居中、数据标签内、轴内侧或数据标签外，这里选择【数据标签外】选项。图表效果如图 5-62 所示。

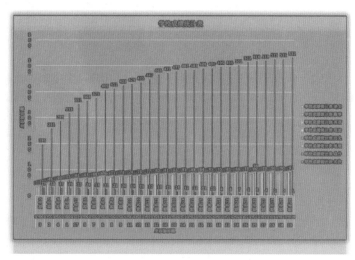

图 5-61   图 5-62

（4）此外，可以单击【填充与线条】图标、【效果】图标、【大小与属性】图标，分别设置数据标签的【填充与线条】、【效果】、【大小与属性】等参数，具体操作方法与 5.3.1 节中讲述的操作方法类似。

5.3.4 在图表中显示数据表

经常会看到 Excel 图表下方有显示与数据源一样的数据表，用来代替图例、坐标轴标签和数据系列标签等。在 Excel 中又称为【模拟运算表】。这个表形成的操作方法如下：

（1）在【Chart1】表格的图表中单击图表绘图区空白处，在图表右上角就会出现三个工具按钮，如图 5-63 所示。

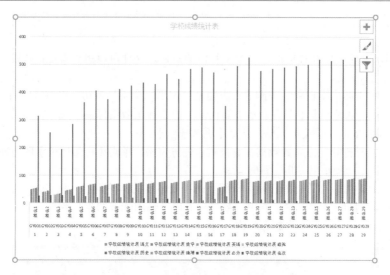

图 5-63

（2）单击其中的【图表元素】按钮➕，出现一个【图表元素】面板，单击选择【数据表】选项，图表就会在下方显示和数据源一样的数据表，如图 5-64 所示。

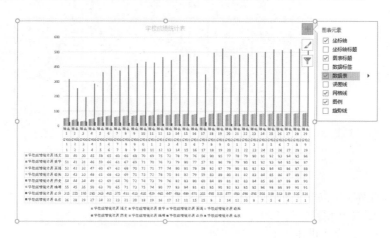

图 5-64

5.3.5 增加和删除数据

如果要增加和删除数据工作表中的数据，并且希望在已制作好的图表中描绘出所增加或删除的数据，可以按照下面的方法进行操作。

1. 删除数据

（1）单击工作表中要更改的数据图表，此时要增加或删除的数据即可呈选中状态，如图 5-65 所示。

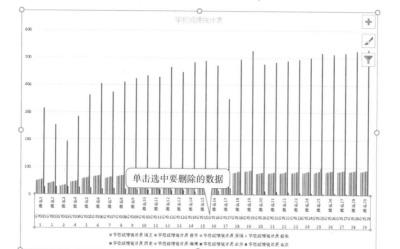

图 5-65

（2）使用鼠标右键单击，在弹出菜单中选择【删除】命令，图表选中数据就被删除了，如图 5-66 所示。

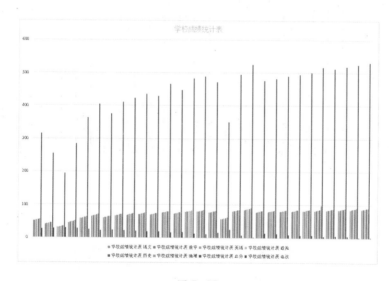

图 5-66

2. 添加数据

为数据图表添加新数据的操作方法如下：

（1）选中如图 5-66 所示图表。选择【设计】菜单选项，单击【图表布局】段落中的【添加图表元素】按钮，打开如图 5-67 所示菜单。

（2）依次选择【误差线】|【百分比】命令，如图 5-68 所示。图表变成了如图 5-69 所示的样子。

图 5-67　　　　　　　　　　　　　　　图 5-68

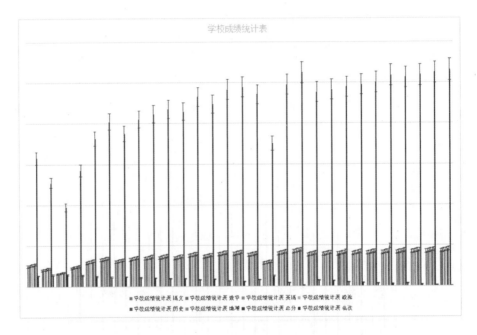

图 5-69

5.4　对商品月销售进行数据分析

　　本节将以"5月牙膏销售统计表.xlsx"工作簿为基础，创建一个数据透视表，对牙膏在5月的销售情况进行数据分析。

　　数据透视表是一种对大量数据快速汇总和建立交叉列表的动态工作表。它不仅具有转换行和列，以查看源数据的不同汇总效果、显示不同页面以筛选数据、根据需要显示区域中的细节数据、设置报告格式等功能，还具有链接图标的功能。数据透视图则是一个动态的图表，它是将创建的数据透视表以图表形式显示出来。

数据透视表及数据透视图是一种数据分类功能，可以把流水式的数据，依类别加以重整。只要适当地决定分类标准，就可以迅速得出所需要的统计表或数据透视图。无论是数据总表或分类视图，都只需轻松地拉拉菜单，就可以做好数据分类汇总的工作。建好的数据透视表或数据透视图，还能够再依数据性质建立新的组合，使数据的分类更加完善。

数据透视表的元素有分页字段、数据项、行字段、项目、列字段等。

建好的数据透视表或数据透视图，更能够再依数据性质建立新的组合，使数据的分类更加完善。

5.4.1 创建数据透视表

建立数据透视表时，只要选定数据透视表的来源数据类型，可以是 Excel 数据列表或数据库、汇总及合并不同的 Excel 数据、外部数据（例如：数据库文件、文字文件或因特网来源数据）、其他数据透视表（以相同的数据建立多份数据透视表，重复使用现有的数据透视表来建立新的数据透视表，这样还可以节省内存空间和磁盘空间，并将原始和新数据透视表连接在一起）等。根据范围，再决定竖排和横排的数据类别，Excel 就会自动产生所需的分析表。

建立数据透视表的操作方法如下：

（1）打开"5 月牙膏销售统计表 .xlsx"工作簿，选中 A2 ～ A15 之间的所有行和列所在的单元格，如图 5-70 所示。

（2）选择【插入】菜单选项，单击【表格】段落中的【数据透视表】按钮 ，打开【创建数据透视表】对话框，如图 5-71 所示。

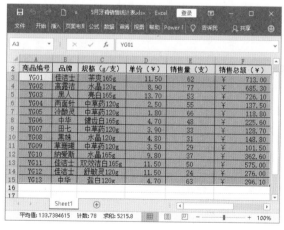

图 5-70

图 5-71

· 数据源：创建数据透视表所使用的数据列表清单或多维数据集。

（3）单击【确定】按钮，创建新的表格【Sheet2】，如图 5-72 所示。

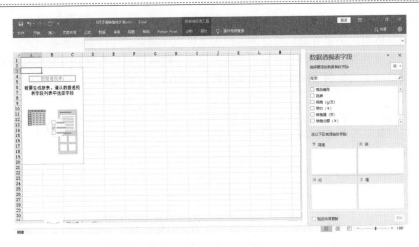

图 5-72

·字段：描述字段内容的标志。一般为数据源中的标题行内容。可以通过选择字段对数据透视表进行透视。

·筛选：基于数据透视表中进行分页的字段，可对整个透视表进行筛选。

·列：信息的种类，等价于数据列表中的列。

·行：在数据透视表中具有行方向的字段。

·值：透视表中各列的表头名称。

·更新：重新计算数据透视表，反映最新数据源的状态。

（4）在右侧的【数据透视表字段】任务窗格中的【选择要添加到报表的字段】列表框中，选择要添加的字段，这里选择所有的字段。此时生成的数据透视表如图 5-73 所示。

（5）单击【关闭】按钮 ，将任务窗格关闭。

如果只选择【品牌】、【规格】和【销售总额】三个字段，那么生成的透视表如图 5-74 所示。

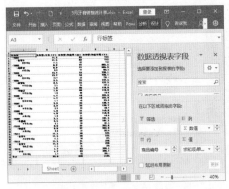

图 5-73

图 5-74

从图 5-74 可以清晰直观地看出每一种牙膏在 5 月的总销售额，并进行对比分析。

仔细观察数据透视表后，会发现 Excel 依照所设定的方式将数据分类，并自动产生总计栏数据。原先零散的数据经过分析后，变成了一目了然的表格。

5.4.2　隐藏数据项

建好数据透视表后，可以让某些数据项隐藏不显示，Excel 会自动根据所留下来的数据项、重新整理一份数据透视表。隐藏数据透视表中数据项的操作方法如下：

（1）使用鼠标右键单击透视表任意单元格，从弹出菜单中选择【显示字段列表】命令，如图 5-75 所示。

（2）打开【数据表透视字段】任务窗格，在【选择要添加到报表的字段】列表框中，取消选择要隐藏的字段选项即可，如图 5-76 所示。

图 5-75

图 5-76

完成字段项的隐藏后，Excel 会自动重新整理生成一份数据透视表。

5.4.3　移除分类标签

除了隐藏不显示的数据项之外，也可以删除整个分类标签。移除数据透视表中的分类标签的操作方法如下：

移动鼠标到数据透视表中的要删除的分类标签所在列的任何一个单元格，按一下鼠标右键，从弹出菜单中选择【删除'×××'（V）】命令即可，如图 5-77 所示。

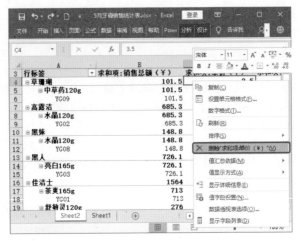

图 5-77

完成数据标签的移除后，Excel 会自动重新整理生成一份数据透视表。

5.4.4　建立数据透视图

和数据透视表一样，只要设定数据范围，就可以画出数据透视图。数据透视图是在数据透视表的基础上建立的，所以在生成数据透视图的同时，会生成一个数据透视表。

建立数据透视图的操作方法如下：

（1）打开"5 月牙膏销售统计表 .xlsx"工作簿，选中 A2 ～ A15 之间的所有行和列所在的单元格，如图 5-78 所示。

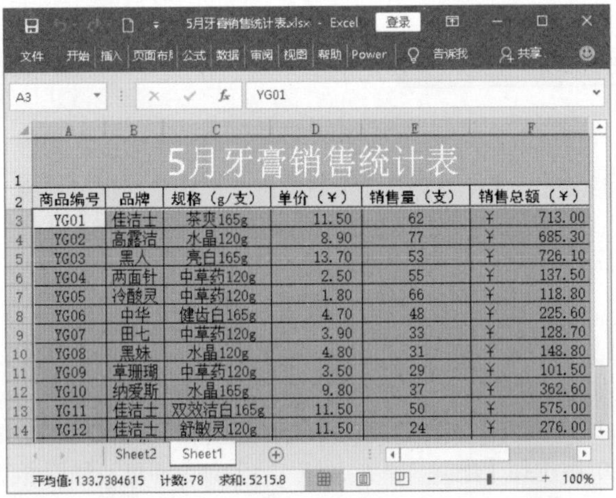

图 5-78

（2）选择【插入】菜单选项，单击【图表】段落中的【数据透视图】按钮，打开【创建数据透视图】对话框，如图 5-79 所示。

（3）单击【确定】按钮，创建新的表格【Sheet3】，如图 5-80 所示。

图 5-79   图 5-80

（4）在右侧的【数据透视图字段】任务窗格中的【选择要添加到报表的字段】列表框中，选择要添加的字段，这里选择所有的字段。此时生成的数据透视表和透视图如图 5-81 所示。

行标签	求和项:单价（￥）	求和项:销售量（支）	求和项:销售总额（￥）
⊟YC01	11.5	62	713
⊟佳洁士	11.5	62	713
茶爽165g	11.5	62	713
⊟YC02	8.9	77	685.3
⊟高露洁	8.9	77	685.3
水晶120g	8.9	77	685.3
⊟YC03	13.7	53	726.1
⊟黑人	13.7	53	726.1
亮白165g	13.7	53	726.1
⊟YC04	2.5	55	137.5
⊟两面针	2.5	55	137.5
中草药120g	2.5	55	137.5
⊟YC05	1.8	66	118.8
⊟冷酸灵	1.8	66	118.8
中草药120g	1.8	66	118.8
⊟YC06	4.7	48	225.6
⊟中华	4.7	48	225.6
健齿白165g	4.7	48	225.6
⊟YC07	3.9	33	128.7
⊟田七	3.9	33	128.7
中草药120g	3.9	33	128.7
⊟YC08	4.8	31	148.8
⊟黑妹	4.8	31	148.8
水晶120g	4.8	31	148.8
⊟YC09	3.5	29	101.5
⊟草珊瑚	3.5	29	101.5
中草药120g	3.5	29	101.5
⊟YC10	9.8	37	362.6
⊟纳爱斯	9.8	37	362.6

图 5-81

（5）仔细观察生成的数据透视图，可以看到【水平（类别）轴】的内容压在了绘图区上，此时单击数据透视图，拖动下方的控制点扩大显示区范围，使得所有内容完整显示出来，如图 5-82 所示。

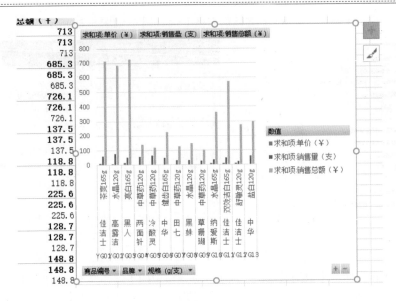

图 5-82

5.4.5 检视数据透视表

如果数据透视图中的数据项太多，也可以设定只检视部分数据所画出来的统计图。检视数据透视图的操作方法如下：

（1）单击透视图，在打开的【数据透视图字段】任务窗格的【选择要添加到报表的字段】列表框中，取消勾选不要的字段选项，如这里取消勾选【单价】字段选项，Excel 就会重新画出新的数据透视图，如图 5-83 所示。

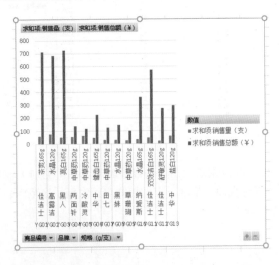

图 5-83

除了数据内容外，也可以从分类菜单中选择要检视的图表内容。

数据透视图和数据透视表的操作方法差不多，只不过一个以图形方式呈现，另一个则是表格方式。

5.4.6　删除数据透视表

如果要删除数据透视表，则与删除表格的操作一样。

操作方法很简单，使用鼠标右键单击要删除的数据透视表对应的工作表标签，从弹出菜单中选择【删除】命令即可，如图 5-84 所示。

图 5-84

5.5　Excel 应用技巧

5.5.1　怎样保证录入数据的唯一性

在用 Excel 管理资料时，常常需要保证某一列中的数据不能重复，如身份证号。

（1）假设要从 B2 单元格开始录入，首先选中 B2 单元格，然后选择【数据】菜单选项，单击【数据工具】段落中的【数据验证】按钮，打开【数据验证】对话框。

（2）在【允许】选项下拉列表中选择【自定义】，在公式中输入 '=COUNTIF（B，B，B2）=1，如图 5-85 所示，接着单击【确定】按钮即可。

图 5-85

为了将这个设置复制到 B 列中的其他单元格，还需要向下拖动 B2 单元格的填充柄。以后在向 B 列中输入数据时，如果输入了重复数据就会出现提示。这样就可以保证数据输入的唯一性了。

这里还可以扩展一下（还是以身份证为例），将上面的公式改为 '=AND（COUNTIF（B，B，B2））=1，LEN（B2）=18，更改后，不仅要求录入的数据是唯一的，而且长度必须是 18，从而大大减少用户在录入中产生错误。注意输入公式时，要在前面加一个单引号。

5.5.2　自动将输入的整数改变为小数

用户可能会遇到这样的情况：当前工作表中需要输入的数值全是小数位，而且输入的数据有很多。此时如果直接进行输入，每次都要键入零和小数点，就大大增加了操作量，错误的概率也会增加。如果直接输入数值，系统能自动转化到小数，就方便了。Excel 提供了此功能。

（1）执行【文件】|【更多】|【选项】命令。

（2）在弹出的【Excel 选项】左侧列表选择【高级】选项卡，然后选中【自动插入小数点】复选框，在【位数】框中设置小数位，比如设置为 2，如图 5-86 所示。

（3）单击【确定】按钮，结束操作。

在单元格中输入 12 后按回车，单元格中将会自动把数据变为 0.12。

图 5-86

如果想对其他的工作表进行操作，就需要取消【自动插入小数点】复选框。因为当设置后，它会将输入的整数都识别为小数形式。

5.5.3 怎样导入文本文件

有时我们会有一些以纯文本格式储存的文件，如果这时需要将这些数据制作成 Excel 的工作表，重新输入一遍的话，就会非常麻烦。如果将数据一个个进行【复制】和【粘贴】，也要花去很多时间。可以使用 Excel 的导入文本文件功能来解决。

（1）单击【数据】菜单选项，单击【获取和转换数据】段落中的【从文本/CSV】按钮，然后在出现的【导入数据】对话框中选择要导入的文本文件，如图 5-87 所示。

（2）单击【导入】按钮后，出现如图 5-88 所示对话框。

图 5-87

图 5-88

（3）此时预览显示的内容为乱码，单击【文件原始格式】右下角的向下箭头 ，在打开的列表中选择【无】，显示恢复正常，如图 5-89 所示。

（4）必须在原始数据类型框中选择文本文件中文字的编辑方式：分隔符号是以逗号

或 Tab 键来区分文字，固定宽度则是以标尺设定的距离来区分。

（5）选择好之后，单击【加载】按钮，从下拉列表中选择【加载到】选项，按照图 5-90 所示对话框进行设置。

图 5-89　　　　　　　　　　　　　　图 5-90

（6）单击【确定】按钮，系统就会自动创建一个工作表，如图 5-91 所示。

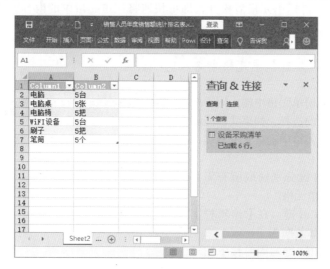

图 5-91

5.5.4　在单元格中输入多行文本

默认情况下，Excel 中一个单元格只显示一行文本，却不考虑文本的长度是否超出了单元格的宽度。这样会使得右边的数据被长文本所遮掩。而如果直接按回车键，默认情况下只是将输入框自动移动到下一个单元格中，并没有像所期望的那样在同一单元格中换行。用户希望当输入文本到达单元格的右边界时能自动换行，那么怎样设置才能达到这种要求呢？

（1）选定要输入多行文本的单元格。

（2）选择【开始】菜单选项，单击【对齐方式】段落中的【自动换行】按钮 🔤 自动换行 即可。

这样，当输入的文本到达单元格的右边界时，就自动换行，同时单元格的高度也随之增加。

5.5.5 巧妙快速复制单元格内容

1. 复制内容到下一个单元格（行）中

选中下面一个单元格（行），按键盘上的 Ctrl+D 组合键，就可以将上一单元格（行）的内容复制到此单元格（行）中来。

2. 将内容复制到右边的单元格（列）中

选中一个单元格（列），然后将光标移动到该单元格（行）的右侧，按键盘上的 Ctrl+R 组合键，即可将该单元格（列）的内容复制到此单元格右边的单元格（列）中。

3. 快速将内容剪切到目标单元格中

选中某个单元格，然后将鼠标移至该单元格的边框外，鼠标指针变成梅花状 时，按住左键拖拉到目标单元格后松开，即可快速将该单元格中的内容剪切到目标单元格中。

5.5.6 快速地在不连续单元格中输入同一数据

频繁地在不同单元格中输入同一个数据是个不明智的选择，如果我们能够一次性在多个单元格中输入这个数据，就方便快速得多了。

（1）用 Ctrl 键分别选取所有需要输入相同数据的单元格。

（2）松开 Ctrl 键，在【编辑栏】中输入数据，比如数据 2。

（3）按住 Ctrl 键的同时按下回车键。这时所有选中的单元格中都会出现这个数据，如图 5-92 所示。

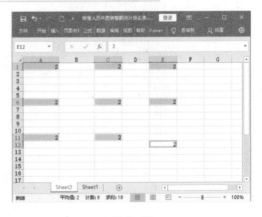

图 5-92

第 6 章

熟练使用 PowerPoint

本章导读

　　PowerPoint 主要用于制作和演示文档，使用 PowerPoint 制作的演示文稿可以通过投影仪或计算机进行演示，在会议召开、产品展示和教学课件等领域中十分常用。演示文稿一般由若干张幻灯片组成，每张幻灯片中都可以放置文字、图片、多媒体、动画等内容，从而独立表达主题。

　　本章将详细讲解 PowerPoint 的窗口组成，演示文稿视图类型、各种基本操作、编辑与设置，音频、视频的处理，幻灯片主题的应用，幻灯片母版的应用，动画效果的设置，幻灯片的放映以及各种应用技巧等。

6.1 PowerPoint 的窗口组成

启动 PowerPoint 后，在打开的界面中将显示最近使用的文档信息，并提示用户创建一个新的演示文稿，选择要创建的演示文稿类型后，进入 PowerPoint 的操作界面，如图 6-1 所示。

图 6-1

·幻灯片编辑区（也就是大纲窗格）：位于演示文稿编辑区的中心，用于显示和编辑幻灯片的内容。在默认情况下，标题幻灯片中包含一个正标题占位符，一个副标题占位符，内容幻灯片中包含一个标题占位符和一个内容占位符。

·幻灯片窗格：位于幻灯片编辑区的左侧，主要显示当前演示文稿中所有幻灯片的缩略图，单击某张幻灯片缩略图，可跳转到该幻灯片并在右侧的幻灯片编辑区中显示该幻灯片的内容。

·状态栏：位于操作界面的底端，用于显示当前幻灯片的页面信息，它主要由状态提示栏、【备注】按钮、【批注】按钮、视图切换按钮组、显示比例栏 5 部分组成。

·快速访问工具栏：可以单击【自定义快速访问工具栏】按钮 ，在弹出的下拉菜单中单击未打钩的选项，为其在快速访问工具栏中创建一个图标按钮，以后直接单击该图标就可以执行该命令了。

·标题栏：位于工作界面最上方正中位置，它显示了所打开的文档名称，在其最右侧有三个按钮：窗口最小化按钮 、最大化（或还原）按钮 和关闭按钮 。

·菜单栏：位于快速访问工具栏和标题栏的下方，按其功能可以分为【文件】、【开始】、【插入】、【设计】、【切换】、【动画】、【幻灯片放映】、【审阅】、【视图】、【帮助】和【格式】等菜单选项。在对幻灯片进行编排处理时，大部分的操作都可以通过菜单功能来实现。用户只需将鼠标移动到需要执行命令的那一栏上，再单击左键，就会打开对应的功能区，然后就可以根据需要选择相应的段落来执行命令。在功能区中，有些项目后面有黑色的三角箭头，这表明该项目拥有子菜单，我们只要将鼠标光标指针移动到该项目上，即可弹出相应的子菜单。

·功能区：启动 PowerPoint 后，在窗口中将自动显示【开始】菜单功能区，包括剪贴板、幻灯片、字体、段落、绘图和编辑等段落。

6.2　演示文稿视图

PowerPoint 有五种视图方式，分别是普通视图、大纲视图、幻灯片浏览、备注页和阅读视图。

它们各自的特效及使用方法如下。

选择【视图】菜单选项，在【演示文稿视图】里面，从左到右分别是【普通】视图按钮、【大纲视图】按钮、【幻灯片浏览】视图按钮、【备注页】视图按钮和【阅读视图】按钮，如图 6-2 所示。

图 6-2

6.2.1　普通视图

创建一个新的演示文稿后，单击【菜单选项】，此时的窗口就是以普通视图的方式进行展示的，如图 6-3 所示。

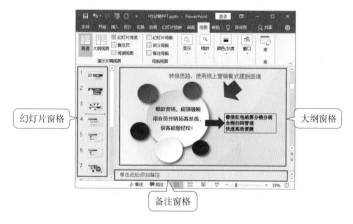

图 6-3

普通视图是 PowerPoint 的默认视图模式，共包含大纲窗格、幻灯片窗格和备注窗格三种窗格，如图 6-3 所示。

这些窗格让用户可以在同一位置使用演示文稿的各种特征。拖动窗格边框可调整不同窗格的大小。

·大纲窗格：可以键入演示文稿中的所有文本，然后重新排列项目符号点、段落和幻灯片；

·幻灯片窗格：可以查看每张幻灯片中的文本外观，还可以在单张幻灯片中添加图形、影片和声音，并创建超级链接以及向其中添加动画；

·备注窗格：可以添加与观众共享的演说者备注或信息。

6.2.2 大纲视图

大纲视图含有大纲窗格、幻灯片缩图窗格和幻灯片备注页窗格。在大纲窗格中显示演示文稿的文本内容和组织结构，如图 6-4 所示。

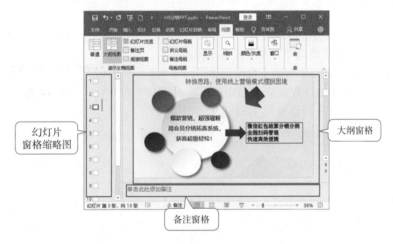

图 6-4

在大纲视图下编辑演示文稿，可以调整各幻灯片的前后顺序；在一张幻灯片内可以调整标题的层次级别和前后次序；可以将某幻灯片的文本复制或移动到其他幻灯片中。

6.2.3 幻灯片浏览视图

在幻灯片浏览视图中，可以在屏幕上同时看到演示文稿中的所有幻灯片，这些幻灯片是以缩略图方式整齐地显示在同一窗口中，如图 6-5 所示。

在该视图中可以看到改变幻灯片的背景设计、配色方案或更换模板后文稿发生的整体变化，可以检查各个幻灯片是否前后协调、图标的位置是否合适等问题；同时在该视图中也可以很容易地在幻灯片之间添加、删除和移动幻灯片的前后顺序以及选择幻灯片之间的动画切换。

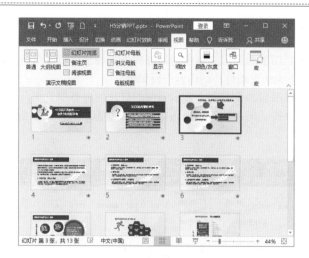

图 6-5

6.2.4　阅读视图

在创建演示文稿的任何时候，用户都可以通过单击【幻灯片放映】按钮启动幻灯片放映和预览演示文稿，如图 6-6 所示。

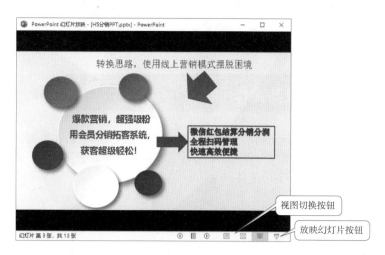

图 6-6

单击【上一张】按钮和【下一张】按钮可切换幻灯片；单击【幻灯片放映】按钮开始放映幻灯片。

阅读视图在幻灯片放映视图中并不是显示单个的静止画面，而是以动态的形式显示演示文稿中各个幻灯片。阅读视图是演示文稿的最后效果，所以当演示文稿创建到一个段落时，可以利用该视图来检查，从而可以对不满意的地方及时进行修改。

6.2.5 备注页视图

备注页视图主要用于为演示文稿中的幻灯片添加备注内容或对备注内容进行编辑修改，在该视图模式下无法对幻灯片的内容进行编辑。

切换到备注页视图后，页面上方显示当前幻灯片的内容缩览图，下方显示备注内容占位符。单击该占位符，向占位符中输入内容，即可为幻灯片添加备注内容，如图 6-7 所示。

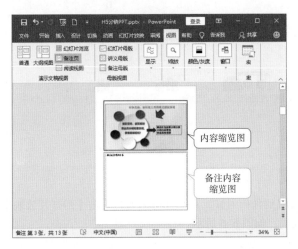

图 6-7

6.3 演示文稿及其操作

演示文稿是用于介绍和说明某个问题和事件的一组多媒体材料，也就是 PowerPoint 生成的文件形式。演示文稿中可以包含幻灯片、演讲备注和大纲等内容，而 PowerPoint 则是创建和演示播放这些内容的工具。

6.3.1 创建演示文稿

在 PowerPoint 中，存在演示文稿和幻灯片两个概念，使用 PowerPoint 制作出来的整个文件叫作演示文稿。而演示文稿中的每一页叫作幻灯片，每张幻灯片都是演示文稿中既相互独立又相互联系的内容。

空演示文稿由带有布局格式的空白幻灯片组成，用户可以在空白的幻灯片上设计出具有鲜明个性的背景色彩、配色方案、文本格式和图片等。

· 启动 PowerPoint 自动创建空演示文稿。

· 使用 Office 按钮创建空演示文稿。

具体方法请参见第 1 章中的 "1.3.5　新建 PPT 空白演示文稿" 内容。

还可以根据模板创建演示文稿，具体方法请参见第 1 章中的 "1.3.3　根据模板新建文档" 内容。

6.3.2　新建幻灯片

新建幻灯片的方法主要有以下两种。

在【幻灯片】窗格中新建：在【幻灯片】窗格中的空白区域或是已有的幻灯片上单击鼠标右键，在弹出的快捷菜单中选择【新建幻灯片】命令，如图 6-8 所示。

通过【幻灯片】组新建：在普通视图或幻灯片浏览视图中选择一张幻灯片，在【开始】|【幻灯片】组中单击【新建幻灯片】按钮下方的下拉按钮，在打开的下拉列表中选择一种幻灯片版式即可，如图 6-9 所示。

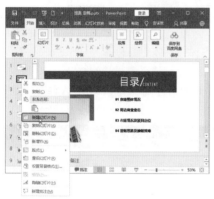

图 6-8　　　　　　　　　　　　　　　　　　图 6-9

6.3.3　应用幻灯片版式

如果对新建的幻灯片版式不满意，可进行更改。其方法为：在【开始】|【幻灯片】组中单击【版式】按钮右侧的下拉按钮，在打开的下拉列表中选择一种幻灯片版式，即可将其应用于当前幻灯片，如图 6-10 所示。

6.3.4　选择幻灯片

打开 "提案 定稿 .pptx" 演示文稿。

·选择单张幻灯片：在【幻灯片】窗格中单击幻灯片缩略图即可选择当前幻灯片，如图 6-11 所示为单击选中演示文稿中的第 1

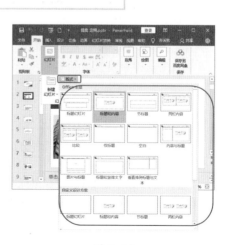

图 6-10

张幻灯片。

　　·选择多张幻灯片：在幻灯片浏览视图或【幻灯片】窗格中按住 Shift 键并单击幻灯片可选择多张连续的幻灯片，如图 6-12 所示为连续 2 ～ 6 的 5 张幻灯片；按住 Ctrl 键并单击幻灯片可选择多张不连续的幻灯片，如图 6-13 所示为选择演示文稿中的第 1 张、第 3 张、第 5 张这 3 张幻灯片。

图 6-11

图 6-12

　　·选择全部幻灯片：在幻灯片浏览视图或【幻灯片】窗格中按 Ctrl+A 组合键，如图 6-14 所示。

图 6-13

图 6-14

6.3.5　移动和复制幻灯片

　　移动和复制幻灯片有如下几种方法。

　　1. 通过拖动鼠标

　　选择需移动的幻灯片，按住鼠标左键不放拖动到目标位置后释放鼠标完成移动操作；选择幻灯片，按住 Ctrl 键并拖动到目标位置，完成幻灯片的复制操作。

　　2. 通过菜单命令

　　选择需移动或复制的幻灯片，在其上单击鼠标右键，在弹出的快捷菜单中选择【剪切】

或【复制】命令，如图 6-15 所示。

　　定位到目标位置，单击鼠标右键，在弹出的快捷菜单中选择【粘贴选项】下的【保留源格式】图标命令，完成幻灯片的移动或复制，如图 6-16 所示。

图 6-15　　　　　　　　　　　　　图 6-16

3. 通过快捷键

　　选择需移动或复制的幻灯片，按 Ctrl+X 组合键（移动）或 Ctrl+C 组合键（复制），然后在目标位置按 Ctrl+V 组合键进行粘贴，完成移动或复制操作。

6.3.6　删除幻灯片

　　删除幻灯片的方法如下：

　　（1）选择要删除的幻灯片，然后单击鼠标右键，在弹出的快捷菜单中选择【删除幻灯片】命令，如图 6-17 所示。

　　（2）选择要删除的幻灯片，按 Delete 键。

图 6-17

6.4　演示文稿的编辑与设置

6.4.1　插入文本

1. 通过占位符输入文本

　　新建演示文稿或插入新幻灯片后，幻灯片中会包含两个或多个虚线文本框，即占位符。占位符可分为文本占位符和项目占位符两种形式，如图 6-18 所示。

图 6-18

2. 通过文本框输入文本

幻灯片中除了可在占位符中输入文本外，还可以在空白位置绘制文本框来添加文本。使用该方式有更多的自由发挥的优势，实际使用中通常采用这种方式来输入文本。

方法如下：

（1）在打开的空白文档里面删除里面的两个空白文本框。

（2）选择菜单【插入】，单击【文本】段落中的【文本框】按钮■，在弹出菜单中选择【绘制横排文本框】命令，然后单击编辑区空白处，插入一个水平文本框，输入一段文字【这是第一张幻灯片】并将字号设置为【60】，颜色设置为【绿色】；单击选中文本框，把文本框拖到幻灯片的中间摆好，如图 6-19 所示。

图 6-19

6.4.2 调整文本框大小及设置文本框格式

1. 调整文本框大小

方法 1：单击选中文本框，移动光标至文本框控制点上，当光标变为双向箭头时，使用鼠标左键直接拖动文本框控制点即可对大小进行粗略设置，如图 6-20 所示。

方法 2：使用鼠标右键单击文本框，在打开的菜单选中【大小和位置】命令，在右侧打开【设置形状格式】任务窗格，如图 6-21 所示，在【大小】组下的【高度】和【宽度】输入框中就可以为文本框精准设置新的高度和宽度值。

图 6-20

图 6-21

2. 设置文本框格式

通过对文本框应用格式，可以将其进行美化。

（1）使用鼠标右键单击文本框，在打开的菜单选中【设置形状格式】命令，在右侧打开【设置形状格式】任务窗格，如图 6-22 所示。该窗格的【形状选项】标签下有【填充与线条】、【效果】和【大小与属性】三个选项图标按钮。

在【填充与线条】选项卡中，可以设置文本框的填充与边框。

（1）在【填充】选项组，可以设置绘图区域为【无填充】、【纯色填充】、【渐变填充】、【图片或纹理填充】、【图案填充】和【幻灯片背景填充】。

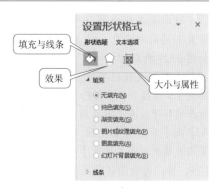

图 6-22

❶ 纯色填充。选中【纯色填充】单选按钮，然后单击【填充颜色】按钮 🎨▾，在打开的颜色面板中为填充指定一种颜色，如图 6-23 所示。图 6-24 为紫色填充的文本框效果。

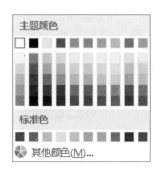

图 6-23

图 6-24

❷ 渐变填充。选中【渐变填充】单选按钮，【填充】分组变成如图 6-25 所示的样子，此时可以设置渐变填充的各种参数。图 6-26 为其中的一种效果。

图 6-25

图 6-26

可以单击选中每一个渐变光圈点，为其设置不同的渐变色、位置、透明度和亮度，如图 6-27 所示。

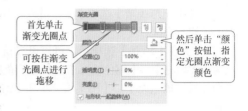

图 6-27

·图片或纹理填充。选中【图片或纹理填充】单选按钮，【填充】分组变成如图 6-28 所示的样子。在【图片源】项下单击选择【插入】或【剪贴板】按钮，可以为绘图区域设置图片填充；在【纹理】项右侧单击【纹理】 ，可以为绘图区设置纹理填充。图 6-29 为纹理填充的一种图表效果。

图 6-28

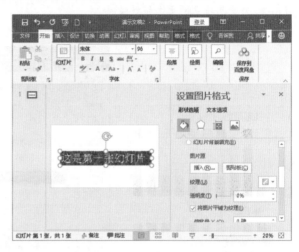

图 6-29

·图案填充。选中【图案填充】单选按钮，【填充】分组变成如图 6-30 所示的样子。图 6-31 为图案填充的一种效果。

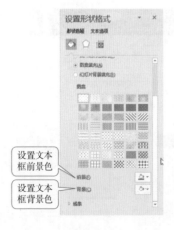

图 6-30

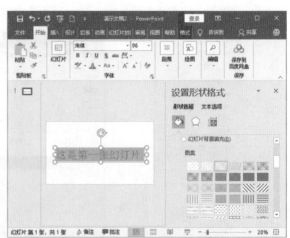

图 6-31

（2）在【效果】选项卡中，可以为绘图区指定阴影、映像、发光、柔化边缘、三维格式等效果，如图 6-32 所示。图 6-33 为指定的三维效果图。

图 6-32

（3）在【大小与属性】选项卡中，可以设置文本框的大小和属性参数，如图 6-34 所示。

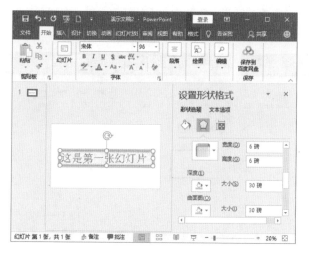

图 6-33

图 6-34

6.4.3　选择文本及编辑文本格式

1. 选择文本

方法 1：利用鼠标左键拖动选择文本。

方法 2：单击选中文本框，就可以选择该文本框内的文本。

2. 文本格式化

选择文本或文本占位符，在【开始】|【字体】段落中可以对字体、字号、颜色等进行设置，还能单击【加粗】、【倾斜】、【下划线】、【文字阴影】等按钮为文本添加相应的效果，如图 6-35 所示。

图 6-35

选择文本或文本占位符，在【开始】|【字体】组右下角单击【功能扩展】按钮，在打开的【字体】对话框中也可对文本的字体、字号、颜色等效果进行设置，如图 6-36 所示。

6.4.4 复制和移动文本

图 6-36

在 6.4.1 节中通过文本框输入文本的基础上，插入一个幻灯片，并删除新幻灯片中的两个占位符，如图 6-37 所示。

1. 在演示文稿内复制文本

（1）单击选中第一个幻灯片中的文本，选择【开始】菜单选项，单击【剪贴板】段落中的【复制】按钮。

（2）切换到第二个幻灯片，单击【剪贴板】段落中的【粘贴】按钮，在打开的下拉菜单中选择【使用目标主题】图标，如图 6-38 所示。

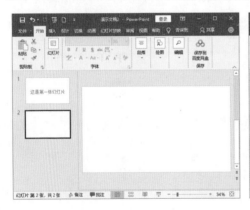

图 6-37

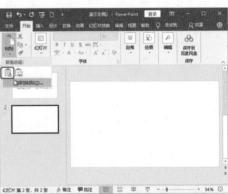

图 6-38

（3）复制的文本就被粘贴到新的位置，如图 6-39 所示。

2. 在演示文稿内移动文本

单击选中第一个幻灯片中的文本，选择【开始】菜单选项，单击【剪贴板】段落中的【剪切】按钮。

切换到第二个幻灯片，按 Ctrl+V 快捷键，文本就被剪切到了第二个幻灯片中，如图 6-40 所示。第一个幻灯片中的相应文本就没有了。将演示文稿保存为"简单演示文稿"。

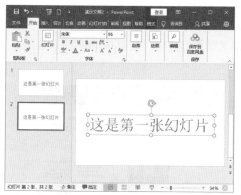
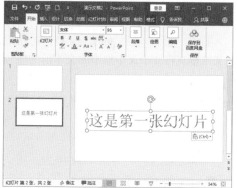

图 6-39　　　　　　　　　　　　　图 6-40

在不同演示文稿之间复制和移动文本的操作方法大同小异，只是切换的位置是在两个演示文稿之间的幻灯片中进行的。

6.4.5　删除与撤销删除文本

1. 删除文本

方法 1：选中文本，按键盘上的 Delete 键或者 Backspace 键（退格键）。

方法 2：定位光标，按键盘上的 Delete 键即可删除光标之后的文本，按 Backspace 键（退格键）即可删除光标之前的文本。

2. 撤销删除文本

单击快速访问工具栏上的【撤销】按钮 ，即可撤销删除。

6.4.6　为文本设置段落格式

选中文本，选择【开始】菜单选项，在【段落】段落中，单击相应的按钮就可以对文本应用各种格式，如图 6-41 所示。

也可以单击【段落】段落右下角的【功能扩展】按钮 ，打开图 6-42 所示的【段落】对话框，设置段落格式。

图 6-41　　　　　　　　　　　　　图 6-42

6.4.7 为"提案 定稿 .pptx"演示文稿添加项目符号和编号

打开"提案 定稿 .pptx"文档，切换到第 8 张幻灯片中，如图 6-43 所示。这里有 4 个文本框。将 4 个文本框中的文本前的序号清除。

图 6-42

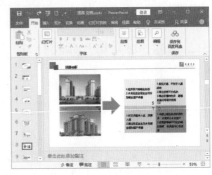

图 6-43

1. 为文本添加项目符号

单击选中第一个文本框，选择【开始】菜单选项，单击【段落】段落中的【项目符号】按钮，为文本添加项目符号。依次对其余三个文本段落使用相同的操作，最后效果如图 6-44 所示。

2. 为文本添加编号

分别单击选中 4 个文本段落，分别对其进行如下操作：单击【段落】段落中的【编号】按钮，并对文本框大小和位置稍作调整，效果如图 6-45 所示。

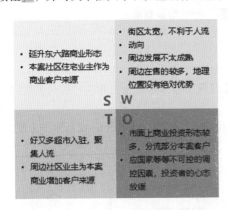

图 6-44

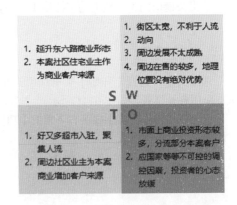

图 6-45

6.4.8 插入并编辑艺术字

在"提案 定稿 .pptx"演示文稿中，切换到最后一页幻灯片，将"感谢收看"文本框和公司 LOGO 删除掉，如图 6-46 所示。

图 6-46

1. 插入艺术字

选择【插入】菜单选项，单击【文本】段落中的【艺术字】按钮，在打开的下拉列表中选择第 3 排第 4 个艺术字样式选项，如图 6-47 所示。

然后在提示文本框【请在此放置您的文字】中输入艺术字文本"祝您万事如意"。如图 6-48 所示。

图 6-47

图 6-48

2. 编辑艺术字

在幻灯片中插入艺术字文本后，将自动激活【绘图工具格式】菜单选项，在其中可以通过不同的组对插入的艺术字进行编辑，如图 6-49 所示。

图 6-49

单击选中输入的艺术字，然后单击【绘图工具格式】菜单选项中的【艺术字样式】段落中的【文本效果】按钮，在打开的下拉菜单中选择【棱台】命令，然后在出现的列表框中选择【棱台】组下的【分散嵌入】图标，如图 6-50 所示。此时的艺术字效果如图 6-51 所示。

图 6-50   图 6-51

单击【绘图工具格式】菜单选项中的【艺术字样式】段落中的【文本填充】按钮
，在打开的下拉菜单中选择【纹理】命令，然后在出现的列表框中单击选择【白色大
理石】图标，如图 6-52 所示。此时的艺术字效果如图 6-53 所示。

图 6-52   图 6-53

6.4.9 插入表格：创建"人员工资成本"表格

打开"提案定稿.pptx"文档，切换到第 24 张幻灯片中，如图 6-54 所示。可以看到，
幻灯片里面有一张名为"人员工资成本"的表格。那么表格是如何绘制的呢？下面讲解
一下在演示文稿中插入与编辑表格的方法。

打开"简单演示文稿.pptx"演示文稿，右击第二张幻灯片，在弹出菜单中选择【新
建幻灯片】命令，新建第三张幻灯片，并将两个占位符删除掉。

1. 自动插入表格

选择第三张空白幻灯片，首先在要插入表格的位置单击鼠标，然后在【插入】|【表格】
段落中单击【表格】按钮，在打开的下拉列表中拖动鼠标选择表格行列数，到合适位
置后单击鼠标即可插入表格，这里插入一个 8×7 的表格，如图 6-55 所示。

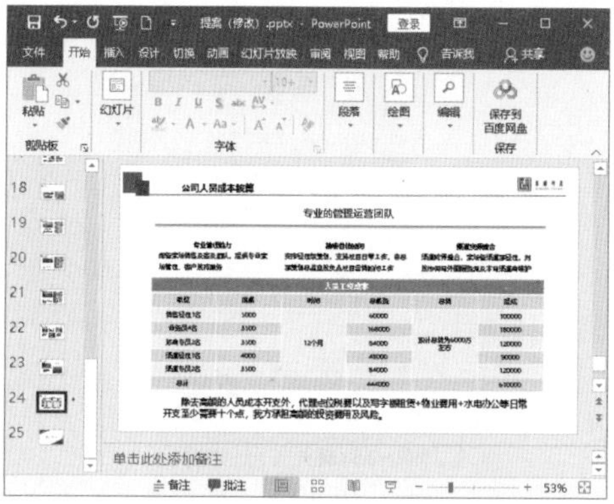

图 6-54

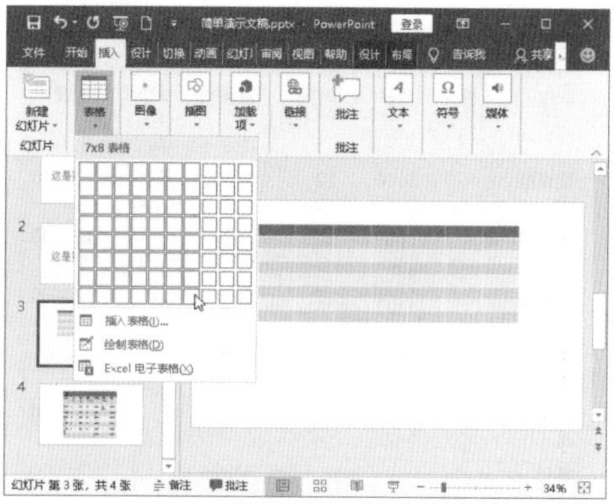

图 6-55

2. 通过【插入表格】对话框插入

选择要插入表格的幻灯片，在【插入】|【表格】段落中单击【表格】按钮，在打开的下拉列表中选择【插入表格】选项，打开【插入表格】对话框，如图 6-56 所示，在其中输入表格所需的行数和列数，单击【确定】按钮完成插入。

3. 调整表格位置 | 在单元格中输入文本

（1）调整表格位置

将光标定位在表格边框上，当光标变为十字双箭头形状时，如图 6-57 所示，即可移动表格到新的位置。

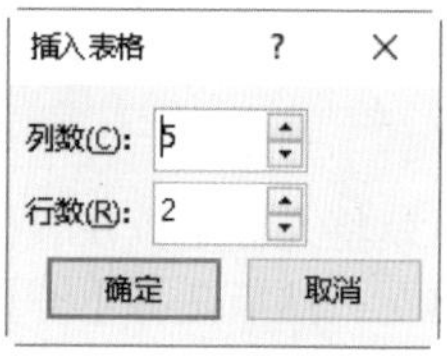

图 6-56

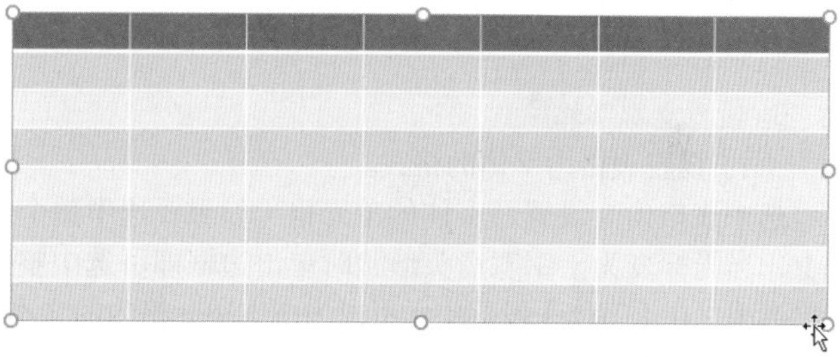

图 6-57

（2）在单元格中输入文本

单击要输入文本的单元格，将光标定位在该单元格内，即可进行文本输入。我们在表格中输入如图 6-58 所示的内容。

4. 设置行高和列宽

方法 1：鼠标放在行或列的分割线上，当光标变为双向箭头（⟺或⇕）时即可粗略地调整行高或列宽。拖动表格的控制点可以向左、向右、向上或向下缩放列宽或行高。

方法 2：选中行或列，选择【表格工具布局】菜单选项，在【单元格大小】段落中的【高度】和【宽度】输入数值可精确设置行的高度和宽度，如图 6-59 所示。

人员工资成本						
职位	人数（人）	底薪（元/人）	时间（个月）	总薪资	总销（万）	提成
销售经理	1	5000	12	60000	预计6000	100000
业务员	4	3500	12	168000		180000
招商专员	2	3500	12	84000		120000
渠道经理	1	4000	12	48000		90000
渠道专员	2	3500	12	84000		120000
总计				440000		610000

图 6-58

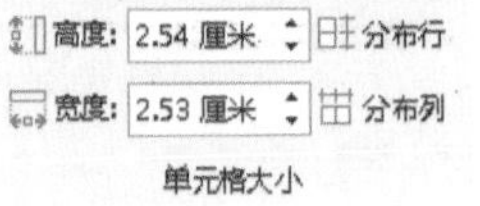

图 6-59

在这里将表格调整为如图 6-60 所示的样子。

人员工资成本						
职位	人数（人）	底薪（元/人）	时间（个月）	总薪资	总销（万）	提成
销售经理	1	5000	12	60000	预计6000	100000
业务员	4	3500	12	168000		180000
招商专员	2	3500	12	84000		120000
渠道经理	1	4000	12	48000		90000
渠道专员	2	3500	12	84000		120000
总计				440000		610000

图 6-60

5. 设置文本字体格式

（1）设置表格内字体的格式。

选中表格内要设置新字体的单元格（如果要选中整个表格，就将光标定位在表格边框上，当光标变为十字双箭头形状时单击边框即可选中整个表格），然后选择【开始】菜单选项，在【字体】段落中，可以为所选单元格内的文本应用包括字号、字体、颜色、加粗、倾斜等格式，如图 6-61 所示。

也可以单击【字体】段落右下角的【功能扩展】按钮，在打开的【字体】对话框中为表格内的单元格文本指定新的格式。

（2）文字对齐方式。

首先选中表格内的文本，然后选择【表格工具 布局】菜单选项，在【对齐方式】段落可以为所选单元格内的文本应用新的对齐方式，如图 6-62 所示。

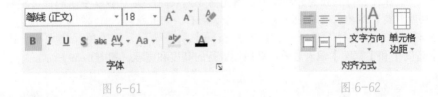

图 6-61

图 6-62

　　为图 6-60 中的表格设置如下格式：为首行文本设置字体为【方正粗黑宋简体】，字号为【16】；为其他文本设置字体为【宋体】，字号为【14】。【对齐方式】全部设置为【居中】和【垂直居中】。

　　（3）设置文本方向。

　　首先选中表格内的文本，然后选择【表格工具 布局】菜单选项，在【对齐方式】段落中单击【文字方向】按钮，在打开的下拉菜单中就可以为文本选择应用方向属性，如图 6-63 所示。

 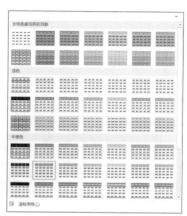

6. 应用表格样式

　　光标定位在表格内，选择【表格工具 设计】菜单选项，单击【表格样式】段落中的【其他】，在打开的面板中就可以为表格指定新的样式，如图 6-64 所示。

图 6-63　　　　　　　　　　图 6-64

　　在这里为表格应用【文档的最佳匹配对象】组中的【主题样式 2- 强调 2】表格样式，效果如图 6-65 所示。

人员工资成本						
职位	人数（人）	底薪（元/人）	时间（个月）	总薪资	总销（万）	提成
销售经理	1	5000	12	60000	预计6000	100000
业务员	4	3500	12	168000		180000
招商专员	2	3500	12	84000		120000
渠道经理	1	4000	12	48000		90000
渠道专员	2	3500	12	84000		120000
总计				440000		610000

图 6-65

7. 插入或删除行／列

　　（1）插入行。将光标定位到相应单元格，选择【表格工具 布局】菜单选项，然后单击【行和列】段落中的【在上方插入】按钮或【在下方插入】按钮，插入一行。

　　（2）插入列。将光标定位到相应单元格，选择【表格工具 布局】菜单选项，然后单击【行和列】段落中的【在左侧插入】按钮或【在右侧插入】按钮，插入一列。

　　如图 6-66 所示。

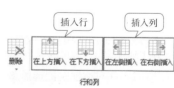

图 6-66

（3）删除行/列。将光标定位到相应单元格，选择【表格工具 布局】菜单选项，然后单击【行和列】段落中的【删除】按钮，在下拉菜单中选择【删除列】或【删除行】命令即可删除光标所在行或列，如图6-67所示。

图 6-67

8. 合并单元格

选中整个首行，选择【表格工具 布局】菜单选项，单击【合并】段落中的【合并单元格】按钮，表格效果如图6-68所示。

人员工资成本						
职位	人数（人）	底薪（元/人）	时间（个月）	总薪资	总销（万）	提成
销售经理	1	5000	12	60000	预计6000	100000
业务员	4	3500	12	168000		180000
招商专员	2	3500	12	84000		120000
渠道经理	1	4000	12	48000		90000
渠道专员	2	3500	12	84000		120000
总计				440000		610000

图 6-68

选中第3列中的3至7行中的单元格，单击【合并】段落中的【合并单元格】按钮，将合并后的单元格内只保留一个数字【12】，表格效果如图6-69所示。

人员工资成本						
职位	人数（人）	底薪（元/人）	时间（个月）	总薪资	总销（万）	提成
销售经理	1	5000	12	60000	预计6000	100000
业务员	4	3500		168000		180000
招商专员	2	3500		84000		120000
渠道经理	1	4000		48000		90000
渠道专员	2	3500		84000		120000
总计				440000		610000

图 6-69

至此，"人员工资成本"表格就完成了。保存并关闭"简单演示文稿.pptx"演示文稿。

6.4.10 创建活动物料统计图表

1. 创建图表

（1）单击幻灯片编辑区中要插入图表的位置，在【插入】|【插图】段落中单击【图表】按钮；或在项目占位符中单击【插入】|【插图】段落中的【插入图表】按钮，打开【插入图表】对话框，如图6-70所示。

（2）在对话框左侧选择图表类型，如选择【柱状图】选项，在对话框右侧的列表框中选择柱状图类型下的图表样式，如【簇状柱形图】。

（3）单击【确定】按钮，此时将打开【Microsoft PowerPoint 中的图表】电子表格，如图6-71所示。

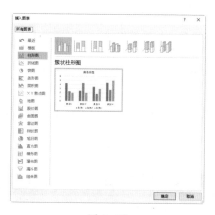

图 6-70

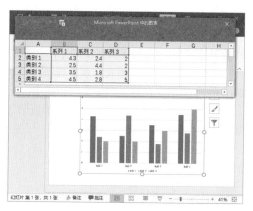

图 6-71

（4）双击单元格，在其中输入表格数据，如图 6-72 所示。

（5）然后单击电子表格右上角的【关闭】按钮⊠关闭电子表格，完成图表的插入，并设置图表标题为"活动物料统计"，如图 6-73 所示。

图 6-72

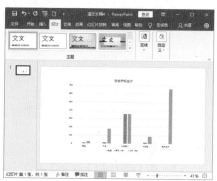

图 6-73

2. 编辑图表

在 PowerPoint 中直接插入的图表，其标题、大小、样式、位置等都是默认的，用户可根据需要进行调整和更改。

3. 美化图表

单击选择图表，在【图表工具 设计】|【图表样式】段落中单击右下角的【其他】按钮▼，打开如图 6-74 所示的样式列表，在其中选择需要的样式，即可为图表应用新的样式。

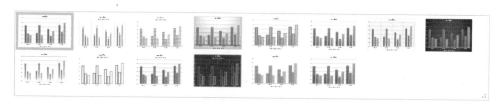

图 6-74

207

4. 设置图表格式

图表主要由图表区、数据系列、图例、网格线和坐标轴等组成，可以通过【图表工具 设计】|【图表布局】段落中的【添加图表元素】按钮 进行设置。

（1）单击【添加图表元素】按钮 ，在打开的下拉列表中选择要设置的图表元素，如图 6-75 所示。在这里选择【网格线】。

（2）再在打开的子列表中选择相应的选项进行设置即可。在这里选择【主轴主要垂直网格线】选项，如图 6-76 所示。

（3）图表效果如图 6-77 所示。

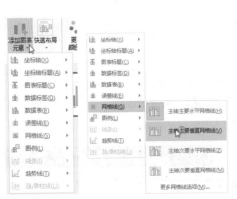
图 6-75　　　　图 6-76

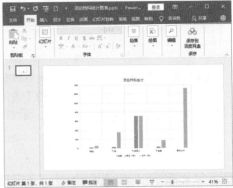
图 6-77

6.4.11　使用 SmartArt 图形创建部门架构图

1. 插入 SmartArt 图形

（1）在【插入】|【插图】段落中单击【SmartArt】按钮 ，打开【选择 SmartArt 图形】对话框，如图 6-78 所示。

（2）在对话框左侧单击选择 SmartArt 图形的类型，如【层次结构】；在对话框右侧的列表框中选择所需的样式，如【层次结构】，如图 6-79 所示。

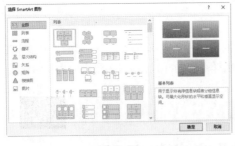
图 6-78

图 6-79

（3）单击【确定】按钮。返回幻灯片，即可查看插入的 SmartArt 图形，如图 6-80 所示。

（4）在 SmartArt 图形的形状中分别输入相应的文本并设置文本格式，并单击【在此键入】浮动面板右上角的【关闭】按钮 ✖，效果如图 6-81 所示。

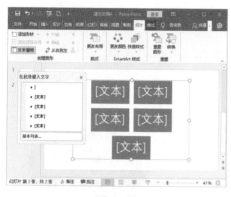

图 6-80　　　　　　　　　　　　图 6-81

2. 编辑 SmartArt 图形

插入 SmartArt 图形后，在【SmartArt 工具 设计】菜单选项中可以对 SmartArt 的样式进行设置。

（1）选中 SmartArt 图形，然后选择【SmartArt 工具 设计】菜单选项，单击【SmartArt 样式】段落右下角的【其他】按钮▼，展开样式，如图 6-82 所示。

（2）单击【三维】组中的【日落场景】图标按钮█，图形效果变成图 6-83 所示的样子。

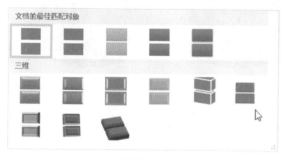

图 6-82　　　　　　　　　　　　图 6-83

（3）保存并关闭演示文稿。

6.4.12　绘制与编辑自选图形：椭圆

创建一个空白演示文稿，并将其中的两个占位符删除。

1. 绘制自选图形

（1）选择【插入】菜单选项，单击【插图】段落中的【形状】按钮，在弹出列表框中单击【基本形状】组中的【椭圆】图标○，如图 6-84 所示。

（2）在幻灯片编辑区拖动鼠标左键，绘制一个椭圆图形，如图 6-85 所示。

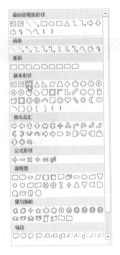

图 6-84

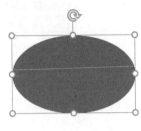

图 6-85

2. 调整自选图形大小

方法 1：选中椭圆，当光标变为双向箭头形状时，使用鼠标左键拖动控制点即可粗略调整其大小，如图 6-86 所示。

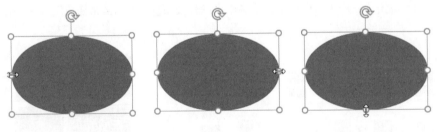

图 6-86

方法 2：选中椭圆，选择【绘图工具 格式】菜单选项，然后在【大小】段落中的【形状宽度】和【形状高度】输入框中输入相应的数值来精确设置椭圆的宽度和高度，如图 6-87 所示。

3. 调整自选图形位置

选中自选图形，光标变为十字双向箭头时，如图 6-88 所示，鼠标左键直接拖动即可调整位置。

图 6-87

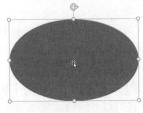

图 6-88

4. 设置自选图形样式

（1）选中椭圆。选择【绘图工具 格式】菜单选项，单击【形状样式】段落右下角的【功能扩展】按钮，打开【设置形状格式】任务窗格，如图6-89所示。

（2）展开【填充】选项，选择【图案填充】，然后选择【图案】下的【大棋盘】，如图6-90所示。

（3）展开【线条】选项，选择【实线】，设置【轮廓颜色】为【深红色】，如图6-91所示。

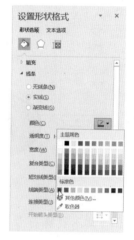

图6-89　　　　　　　图6-90　　　　　　　图6-91

（4）椭圆图形的效果如图6-92所示。

5. 为自选图形添加文本

（1）使用鼠标右键单击椭圆，在弹出菜单中选择【编辑文字】命令，如图6-93所示。

（2）输入文字【跳动】，然后选中输入的文字，将字号设置为【96】，字体设置为【方正粗黑宋简体】，颜色设置为【紫色】，此时椭圆效果如图6-94所示。

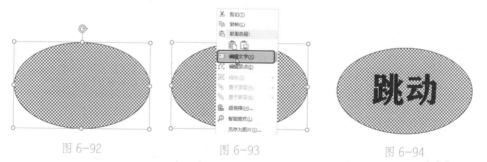

图6-92　　　　　　　图6-93　　　　　　　图6-94

（3）右击椭圆，在弹出菜单中选择【设置形状格式】命令，在打开的【设置形状格式】任务窗格中单击【形状选项】标签下的【效果】图标，在【三维格式】组中按照图6-95所示进行设置。完成后的椭圆图形效果如图6-96所示。

6. 复制与粘贴自选图形

选中椭圆，使用 Ctrl+C 快捷键将其进行复制并粘贴两次，拖放成如图 6-97 所示效果。

7. 调整自选图形叠放次序

选中最下面的椭圆，选择【绘图工具 格式】菜单选项，在【排列】段落中：单击【上移一层】或【置于顶层】或【下移一层】或【置于底层】，可将椭圆叠放成不同的效果。在这里选择【上移一层】，效果如图 6-98 所示。

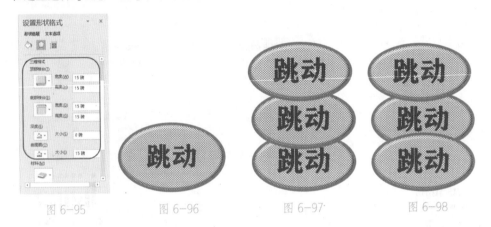

图 6-95　　　　图 6-96　　　　图 6-97　　　　图 6-98

6.4.13　插入特殊符号和批注

1. 插入特殊符号

有时在幻灯片中需要插入一些特殊的符号，却无法通过键盘输入，所以 PowerPoint 提供了插入特殊符号的功能，步骤如下：

（1）单击【插入】|【符号】命令，打开如图 6-99 所示的【符号】对话框。

（2）在【字体】下拉列表中选择相应的字体，在【子集】下拉列表中选择一种符号分类，如图 6-100 所示。就会显示不同的符号，然后在列表中选择要插入的符号，单击【插入】按钮，即可插入该符号，最后单击【关闭】按钮关闭对话框。

图 6-99

图 6-100

2. 插入批注

批注只有在设计幻灯片的时候才能看到，在幻灯片放映的时候不会显示出来，所以不必担心它会破坏版面。为了让日后修改、管理演示文稿时更加方便，可以在某张幻灯片中添加批注。插入批注的步骤如下：

（1）切换到要插入批注的幻灯片，单击状态栏中按钮 📝 批注，就会在编辑区右侧打开【批注】任务窗格，如图 6-101 所示。

（2）单击【新建】按钮 📝，在下方出现一个文本输入框，输入批注内容，如图 6-102 所示。

图 6-101

图 6-102

（3）输入完毕，单击窗格右上角的【关闭】按钮关闭任务窗格。同时，在幻灯片编辑区的左上角出现批注标记，如图 6-103 所示。要想查看批注，只要单击该标记，就会在右侧出现任务窗格显示批注内容，如图 6-104 所示。

图 6-103

图 6-104

6.4.14 插入与编辑图片

打开"售楼处体验式服务 .pptx"演示文稿，如图 6-105 所示。讲解插入与编辑图片的方法。

1. 使用【插入】菜单选项插入图片

（1）将光标移至当前幻灯片，选择【插入】菜单选项，单击【图像】段落中的【图片】按钮，然后选择【此设备】选项，如图 6-106 所示。

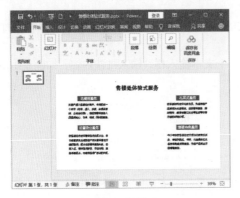 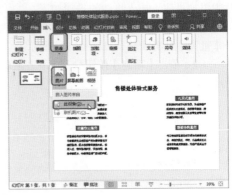

图 6-105　　　　　　　　　　　　图 6-106

（2）在打开的【插入图片】对话框中选择需插入图片所在的保存位置，然后选择需插入的图片，如图 6-107 所示。

（3）单击【插入】按钮，将图片插入当前幻灯片中，如图 6-108 所示。

图 6-107　　　　　　　　　　　　图 6-108

2. 利用复制／粘贴命令插入图片

（1）在电脑文件夹中选中要插入的图片，使用鼠标右击该图片，从弹出菜单中选择【复制】命令。

（2）切换至演示文稿中要插入图片所在幻灯片，然后使用 Ctrl+V 快捷键粘贴图片。

3. 调整图片大小

方法 1：单击选中图片，当光标变为双向箭头形状时，使用鼠标左键拖动图片控制点即可对大小进行粗略设置。直接拖动四个角上的斜双向箭头可对图片进行整体缩放，如图 6-109 所示。

方法 2：选中图片，选择【图片工具格式】菜单选项，然后在【大小】段落中的【高度】和【宽度】文本输入框中输入数值来精确调整图片大小，如图 6-110 所示。

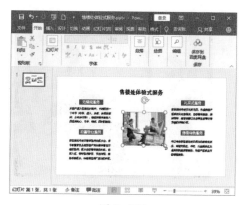

图 6-109

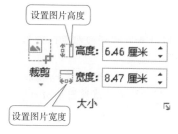

图 6-110

4. 调整图片位置和旋转图片

（1）选中图片，当光标变为双向十字箭头形状时，鼠标左键直接拖动即可移动图片位置，如图 6-111 所示。

（2）单击图片上方的 ⟳ 按钮，可对图片进行旋转操作。

5. 设置图片的叠放次序

当插入的图片有两张或两张以上的时候，插入的图片可能会叠放在一起：

（1）将图片分别挪开，并摆放至位置。

（2）如果要摆放在一起，那么可以使用鼠标右键单击某张图片，从弹出菜单中选择如图 6-112 中的命令来设置叠放次序。

图 6-111

图 6-112

6. 图片的裁剪

（1）选中图片，选择【图片工具格式】菜单选项的【大小】段落中的【裁剪】按钮

，此时图片的边缘和四角处会显示黑色裁剪图柄，如图 6-113 所示。

（2）执行下列任一操作可裁剪图片：

·裁剪某一侧：将侧边裁剪图柄向内拖曳。

·同时裁剪相邻的两边：将角落处的裁剪图柄向内拖曳。

·同时等量裁剪平行的两条边：按住 Ctrl 键的同时将侧边裁剪图柄向内拖曳。

还可以【向外裁剪】或在图片周围添加边距，方法是向外拖动裁剪图柄，而不是向内拖动。

图 6-113

（3）裁剪完成后，按 Esc 键或单击幻灯片中的图片外的任意位置即可退出裁剪状态。

> **提示：** 若要重置裁剪区域，则更改裁剪区域（通过拖动裁剪框的边缘或四角）或移动图片。

7. 将图片裁剪为不同的形状

选中图片，选择【图片工具格式】菜单选项，单击【大小】段落中的【裁剪】按钮下方的向下箭头 ▾，在弹出菜单中选中【裁剪为形状】命令，打开形状选择面板，如图 6-114 所示。在这里选择【基本形状】下面的【椭圆】，此时图片效果如图 6-115 所示。

图 6-114

裁剪前　　　　　　　　裁剪后

图 6-115

8. 调整图片的亮度和对比度

选中图片，选择【图片工具格式】菜单选项，单击【调整】段落中的【校正】按钮，在打开的面板中，单击选择【亮度和对比度】组中的图标，可更改图片的亮度和对比度，如图 6-116 所示。

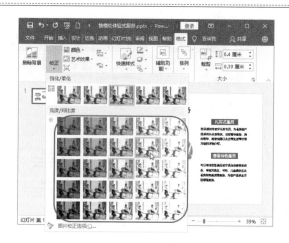

图 6-116

9. 对图片应用快速样式

（1）选中图片，选择【图片工具格式】菜单选项，单击【图片样式】段落中的快速样式右下角的【其他】按钮 ，展开快速样式面板，如图 6-117 所示。

（2）单击其中某一样式，就可以为图片应用该样式。如图 6-118 是为图片应用【棱台矩形】样式的效果。

图 6-117

图 6-118

6.4.15　设置幻灯片背景

为幻灯片设置背景，可以使幻灯片整体效果更美好。要注意的是背景配色要与所插入的图片风格和文本所使用的颜色协调。

操作方法如下：

单击选中幻灯片中的图片，选择【设计】菜单选项，单击【自定义】段落中的【设置背景格式】按钮 ，打开【设置背景格式】任务窗格，如图 6-119 所示。选择【填充】组下的【纯色填充】、【渐变填充】、【图片或纹理填充】或【图案填充】设置幻灯片背景。图 6-120 所示为应用纯色填充的一种背景效果。

图 6-119   图 6-120

6.5 音频、视频处理

　　打开"售楼处体验式服务 .pptx"演示文稿，讲解在幻灯片中插入与编辑音频、视频的操作方法。

6.5.1 插入音频

　　（1）单击幻灯片中所插入的图片作为要插入音频的位置。

　　（2）选择【插入】菜单选项，单击【媒体】段落中的【音频】按钮🔊，在打开的下拉列表中提供了【PC 上的音频】和【录制音频】两种插入方式，如图 6-121 所示。

　　（3）可根据需要进行选择，若选择【PC 上的音频】选项，将打开【插入音频】对话框，在其中选择需插入幻灯片中的音频文件，然后单击【插入】按钮，即可将该音频文件插入幻灯片中。图 6-122 所示为在图片中插入音频的效果。

图 6-121   图 6-122

6.5.2　声音图标大小、位置调整

1. 调整声音图标大小

方法 1：选中声音图标，当光标变为双向箭头形状时，鼠标左键直接拖动图标控制点即可粗略调整大小。如图 6-123 所示。

方法 2：选中声音图标，选择【音频工具 格式】菜单选项，在【大小】段落中的【高度】和【宽度】文本输入框中输入数值可以精确设置声音图标的大小。如图 6-124 所示。

图 6-123　　　　　　　　　　　　　　　　　　图 6-124

2. 调整声音图标位置

选中图标，光标变为十字双向箭头时，使用鼠标左键直接拖动即可调整其位置。如图 6-125 所示。

图 6-125

6.5.3　设置音频文件

1. 调整声音图标颜色

（1）选中声音图标，选择【音频工具格式】菜单选项，单击【调整】段落中的【颜色】按钮，打开如图 6-126 所示的颜色选项面板。

（2）在这里选择相应的颜色选项，就可以更改声音图标的颜色。图 6-127 所示为选择【重新着色】组中的【金色，个性色 4 深色】选项的效果。

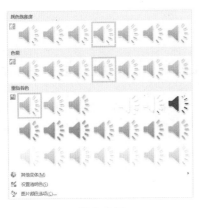

图 6-126

图 6-127

2. 设置音频文件的播放方式

选中声音图标，选择【音频工具 播放】菜单选项，单击【音频选项】段落中的【开始】右侧的下拉箭头，在打开的列表中选择【自动】或【单击时】中的一种方式，如图 6-128 所示，来选择在幻灯片播放时音频的播放方式。

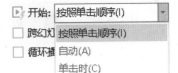

图 6-128

6.5.4 插入与编辑视频

PPT 支持的视频格式有 avi、mpeg、wmv 等。

其他格式的视频需要转化格式才能插入到幻灯片，如格式工厂。

跟音频文件一样，视频也是演示文稿中非常常见的一种多媒体元素，常用于宣传类演示文稿中。在 PPT 中主要可以插入 PC 端文件中的视频和来自网站的视频。

图 6-129

1. 插入视频

（1）选择幻灯片中要插入视频的位置，在【插入】|【媒体】组中单击【视频】按钮。

（2）在打开的下拉列表中选择【PC 上的视频】选项，如图 6-129 所示。

在打开的【插入视频文件】对话框中选择要插入的视频文件，单击【插入】按钮即可。如图 6-130 所示。

插入视频后，幻灯片窗口变成如图 6-131 所示效果。

图 6-130

提示： 图6-130中视频内容与演示文稿无直接关联，仅作为操作演示使用。

2. 调整视频大小

调整视频大小的操作方法与调整图片大小的方法一样。

方法1：当光标变为双向箭头形状时，鼠标左键直接拖动控制点即可粗略调整大小。如图6-132所示。

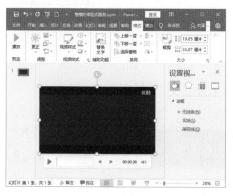 

图6-131 图6-132

方法2：选中视频，选择【视频工具 格式】菜单选项，在【大小】段落中的【高度】和【宽度】输入文本框中输入相应的数值可以精确设置视频的高度和宽度。如图6-133所示。

将视频进行缩小调整，并微调其位置，效果如图6-134所示。

图6-133 图6-134

3. 应用快速视频样式

（1）选中视频，选择【视频工具 格式】菜单选项，单击【视频样式】段落中的【其他】按钮，展开快速视频样式面板，如图6-135所示。

（2）单击选择面板中的选项，即可为视频该选项对应的演示效果。图6-136所示是为视频应用【中等】组中【棱台形椭圆，黑色】视频样式后，并对其位置做了微调后的效果。

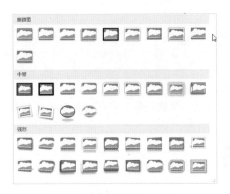

图 6-135　　　　　　　　　　　　　　　　图 6-136

（3）保存并关闭演示文稿。

6.6　应用幻灯片主题

应用主题可使幻灯片快速呈现有吸引力的专业外观。可以向所有幻灯片或部分幻灯片应用主题。

接下来将以打开的"楼盘物业升级改造提案 .pptx"演示文稿为基础进行讲解。

6.6.1　应用幻灯片主题

PowerPoint 的主题样式均已经对颜色、字体和效果等进行了合理的搭配，用户只需选择一种固定的主题效果，就可以为演示文稿中各幻灯片的内容应用相同的效果，从而达到统一幻灯片风格的目的。

（1）在【设计】|【主题】段落中单击右下角的【其他】按钮 ，在打开的如图 6-137 所示的下拉列表中，将鼠标悬停在一个主题上，预览幻灯片将呈现的外观。然后单击以选择要应用的主题即可。

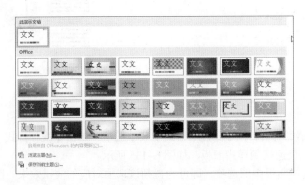

图 6-137

（2）所选主题会默认应用到演示文稿中的所有幻灯片。如图 6-138 所示是为演示文稿应用【水滴】主题的效果。

（3）若要向一个或多个幻灯片应用主题，则选中一个或多个幻灯片，使用鼠标右键单击所需主题，然后选择【应用于选定幻灯片】命令，如图 6-139 所示

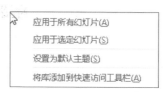

图 6-138　　　　　　　　　　　　　　　　　图 6-139

6.6.2　更改主题颜色方案

PowerPoint 为预设的主题样式提供了多种主题的颜色方案，用户可以直接选择所需的颜色方案，对幻灯片主题的颜色搭配效果进行调整。

（1）在【设计】|【变体】段落中，单击右下角的【其他】按钮，在打开的下拉列表中选择【颜色】选项，打开颜色子列表，如图 6-140 所示。

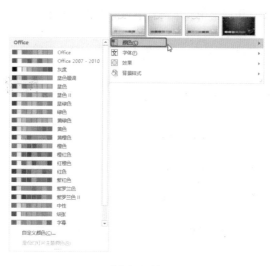

图 6-140

（2）在打开的子列表中选择一种主题颜色，即可将颜色方案应用于所有幻灯片。

6.6.3 更改字体方案

PowerPoint 为不同的主题样式提供了多种字体搭配方案。

（1）在【设计】|【变体】段落中单击右下角的【其他】按钮，在打开的下拉列表中选择【字体】选项。

（2）再在打开的子列表中选择一种选项，即可将字体方案应用于所有幻灯片，如图 6-141 所示。

（3）在打开的子列表中选择【自定义字体】选项，在打开的【新建主题字体】对话框中可对幻灯片中的标题和正文字体进行自定义设置，如图 6-142 所示。

图 6-141

图 6-142

6.6.4 更改效果方案

在【设计】|【变体】段落中，单击右下角的【其他】按钮，在打开的下拉列表中选择【效果】选项，在打开的子列表中选择一种效果，如图 6-143 所示，可以快速更改图表、SmartArt 图形、形状、图片、表格和艺术字等幻灯片对象的外观。

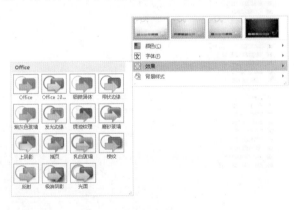

图 6-143

最后将演示文稿保存为"楼盘物业升级改造提案 – 修改 .pptx"并关闭。

6.7　应用幻灯片母版

　　若要使所有的幻灯片包含相同的字体和图像（如徽标），在一个位置中便可以进行这些更改，即幻灯片母版，而这些更改将应用到所有幻灯片中。

　　母版幻灯片是窗口左侧缩略图窗格中最上方的幻灯片。与母版版式相关的幻灯片显示在此母版幻灯片下方。

　　打开"工作计划 .pptx"演示文稿，接下来为大家讲解关于幻灯片母版的各种操作。

6.7.1　认识母版的类型

　　母版有【幻灯片母版】、【讲义母版】和【备注母版】三种类型。

1. 幻灯片母版

　　（1）在【视图】|【母版视图】段落中单击【幻灯片母版】按钮🔳，即可进入幻灯片母版视图。

　　（2）幻灯片母版视图是编辑幻灯片母版样式的主要场所，在幻灯片母版视图中，左侧为【幻灯片版式选择】窗口，右侧为【幻灯片母版编辑】窗口，如图 6-144 所示。

图 6-144

　　（3）单击【关闭】段落中的【关闭母版视图】按钮❌，就可以退出母版视图，返回到普通视图中。

2. 讲义母版

　　（1）在【视图】|【母版视图】段落中单击【讲义母版】按钮▦，即可进入讲义母版视图，如图 6-145 所示。

（2）在讲义母版视图中可查看页面上显示的多张幻灯片，也可设置页眉和页脚的内容，以及改变幻灯片的放置方向等。

（3）单击【关闭】段落中的【关闭母版视图】按钮 ⊠，就可以退出讲义母版，返回到普通视图中。

3. 备注母版

（1）在【视图】|【母版视图】段落中单击【备注母版】按钮 📄，即可进入备注母版视图，如图 6-146 所示。

图 6-145

图 6-146

（2）备注母版主要用于对幻灯片备注窗格中的内容格式进行设置，选择各级标题文本后即可对其字体格式等进行设置。

（3）单击【关闭】段落中的【关闭母版视图】按钮 ⊠，就可以退出备注母版，返回到普通视图中。

6.7.2 编辑幻灯片母版

编辑幻灯片母版与编辑幻灯片的方法非常类似，幻灯片母版中也可以添加图片、声音、文本等对象，但通常只添加通用对象，即只添加大部分幻灯片中都需要使用的对象。

完成母版样式的编辑后，单击【关闭母版视图】按钮 ⊠ 即可退出母版。

6.8 为"工作计划"演示文稿设置幻灯片动画效果

在 PowerPoint 中，可对文本、图片、形状、表格、SmartArt 图形及 PowerPoint 演示文稿中的其他对象进行动画处理。动画效果可使对象出现、消失或移动。可以更改对象的大小或颜色。

打开"工作计划 .pptx"演示文稿讲解如何设置幻灯片动画效果。

6.8.1　添加动画效果

几个关于动画的概念：

· 进入：反映文本或其他对象在幻灯片放映时进入放映界面的动画效果。

· 退出：反映文本或其他对象在幻灯片放映时退出放映界面的动画效果。

· 强调：反映文本或其他对象在幻灯片放映过程中需要强调的动画效果。

· 动作路径：指定某个对象在幻灯片放映过程中的运动轨迹。

1. 添加单一动画

为对象添加单一动画效果是指为某个对象或多个对象快速添加进入、退出、强调或动作路径动画。

在幻灯片编辑区中选择要设置动画的对象，然后在【动画】|【动画】段落中单击右下角【其他】按钮 ，在打开的下拉列表框中选择某一类型动画下的动画选项即可，如图6-147所示。

为幻灯片对象添加动画效果后，系统将自动在幻灯片编辑窗口中对设置了动画效果的对象进行预览放映，且该对象旁会出现数字标识，数字顺序代表播放动画的顺序。

在打开的"工作计划.pptx"演示文稿中，切换第二页幻灯片中，为"年度工作内容概述"所在文本框添加【飞入】动画后，效果如图6-148所示。

图 6-147　　　　　　　　　　　　　　　　　图 6-148

2. 添加组合动画

组合动画是指为同一个对象同时添加进入、退出、强调和动作路径动画4种类型中的任意动画组合，如同时添加进入和退出动画等。

（1）选择需要添加组合动画效果的幻灯片对象，在这里单击切换到第三页幻灯片，选中"年度工作内容概述"所在文本框。然后在【动画】|【高级动画】段落中单击【添加动画】按钮 ，打开如图6-149所示下拉列表。

（2）在打开的下拉列表中选择【进入】组中的【翻转式由远及近】动画；再次打开该下拉列表，选择【强调】组中的【脉冲】动画。添加组合动画后，该对象的左侧将同时出现多个数字标识，如图6-150所示。

图 6-149 图 6-150

6.8.2 设置动画效果——飞入

为幻灯片中的对象添加动画效果后，还可以通过【动画】菜单选项卡中的【动画】【高级动画】【计时】段落，对添加的动画效果进行设置，使这些动画效果在播放时更具条理性，如设置动画播放参数、调整动画的播放顺序和删除动画等。

接下来以设置【飞入】动画效果为例，来讲解如何设置动画效果。

1. 飞入效果设置

单击切换到第二页幻灯片，选中"工作完成具体情况"文本对象，选择【动画】菜单选项，单击【动画】段落中的【其他】按钮，在打开的下拉列表框中选择【进入】组中的【飞入】动画，如图 6-151 所示。

2. 飞入方向设置

单击选中"工作完成具体情况"文本对象前的动画数字标识，单击【动画】段落中的【动画】段落中的【效果选项】按钮，打开如图 6-152 所示下拉列表，单击选择一种动画进入方向即可。在这里单击选择【自顶部】选项。

3. 设置动画持续时间

单击选中"工作完成具体情况"文本对象前的动画数字标识，在【动画】菜单选项的【计时】

图 6-151 图 6-152

段落中的【持续时间】输入框中输入相应的时长数值，即可为该动画指定相应的持续时间，如图6-153所示。

图6-153

6.8.3　设置对象的其他进入效果

在【更多进入效果】对话框中，可以为选中对象应用更多类型的动画效果。

（1）单击选中要应用动画效果的对象，选择【动画】菜单选项，单击【动画】段落中的【其他】按钮▼，在弹出的下拉列表中单击【更多进入效果】，打开如图6-154所示的【更多进入效果】对话框。

（2）单击选择对话框列表框中的动画效果，然后单击【确定】按钮，就可以为选中对象应用该动画效果。

6.8.4　设置入场动画的声音

还可以为入场动画设定声音。

（1）单击选中动画对象的数字标识，选择【动画】菜单选项，单击【高级动画】段落中的【动画窗格】按钮，打开【动画窗格】任务窗格，如图6-155所示。

（2）单击要设置声音的动画效果，比如选择【1】，然后单击所选效果右侧的向下三角按钮▼，在弹出菜单中选择【效果选项】命令，打开【飞入】（所选动画对应的名称）对话框，如图6-156所示。

（3）单击【效果】选项卡的【声音】选项右侧的下拉按钮，在打开的下拉列表中选择一种声音，如图6-157所示。在这里选择【疾驰】，然后单击【确定】按钮，就为动画的入场添加了【疾驰】声音。

图6-154

图6-155　　　　　　　图6-156　　　　　　　图6-157

6.8.5 控制动画的开始方式

1. 设置动画的开始方式

（1）首先为对象设置好入场动画。

（2）然后单击选中动画效果，选择【动画】菜单选项，在【计时】段落中，单击【开始】右侧的下拉按钮✓，在弹出的下拉列表中选择一种开始方式：【单击时】、【与上一动画同时】或【上一动画之后】，如图6-158所示。

- 单击时：单击鼠标后开始动画。
- 与上一动画同时：与上一个动画同时呈现。
- 上一动画之后：上一个动画出现后自动呈现。

2. 对动画重新排序

（1）为对象设置好入场动画。

（2）单击选中动画效果，选择【动画】菜单选项，在【计时】段落中，单击【对动画重新排序】下面的【向前移动】或【向后移动】，对动画效果重新排序，如图6-159所示。

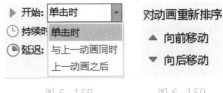

图 6-158 　　　　 图 6-159

6.8.6 删除动画

（1）单击选中设置动画的对象，然后选择【动画】菜单选项，单击【高级动画】段落中的【动画窗格】按钮，打开【动画窗格】任务窗格，在这里列出了演示文稿中所有幻灯片的动画效果，如图6-160所示。

（2）单击要删除的效果，然后单击所选效果右侧的向下三角按钮▼，在弹出菜单中选择【删除】命令，单击要删除的效果，如图6-161所示，就将动画对象删除掉了。

图 6-160 　　　　 图 6-161

6.8.7　设置幻灯片切换动画效果

设置幻灯片切换动画即设置当前幻灯片与下一张幻灯片的过渡动画效果，切换动画可使幻灯片之间的衔接更加自然、生动。

1. 设置切换方式

单击选中幻灯片，在这里单击选中第一页幻灯片，选择【切换】菜单选项，单击【切换到此幻灯片】段落右下角的【其他】按钮，展开切换效果面板，如图 6-162 所示。

在这里单击【华丽】组中的【页面卷曲】，为第一页幻灯片设置【页面卷曲】切换。

2. 设置切换音效及换片方式

（1）设置切换音效。

单击选中幻灯片，在这里单击选中第一页幻灯片，选择【切换】菜单选项，在【计时】段落中单击【声音】选项右侧下拉按钮，在弹出的下拉列表中选择一种声音，如图 6-163 所示。在这里选择【照相机】声音。

图 6-162

图 6-163

在【持续时间】后面的文本输入框中可以指定音效的持续时间。

（2）设置换片方式。

单击选中幻灯片，在这里单击选中第一页幻灯片，选择【切换】菜单选项，在【计时】段落中的【换片方式】选项下选中【单击鼠标时】，在【设置自动换片时间】选项中设置换片持续时长为【3 秒】，如图 6-164 所示。

图 6-164

6.8.8　添加动作按钮

在 PPT 中，动作按钮的作用是，当点击或鼠标指向这个按钮时产生某种效果，例如链接到某一张幻灯片、某个网站、某个文件，播放某种音效，运行某个程序等。

（1）选择要添加动作按钮的幻灯片，在这里单击选择第二页幻灯片。

（2）在【插入】|【插图】段落中单击【形状】按钮，在打开的下拉列表底部的【动作按钮】栏中选择要绘制的动作按钮，在这里选择【动作按钮：后退或前进一页】◁。

（3）将光标移至幻灯片编辑区右下角，按住鼠标左键不放并向右下角拖动绘制一个动作按钮，此时将自动打开【操作设置】对话框，如图6-165所示。根据需要单击【单击鼠标】或【鼠标悬停】选项卡，在其中可以设置单击鼠标或悬停鼠标时要执行的操作，如链接到其他幻灯片或演示文稿、运行程序等。

图6-165

6.8.9 创建超链接

当看到演示文稿中的超链接时，请单击带下划线的文本以打开或跟踪超链接。当链接打开时，幻灯片放映保持活动状态。如果返回幻灯片，则需要关闭链接的网页或文件。

在 PowerPoint 幻灯片中创建基本 Web 超链接的最快方式是在键入现有网页地址（如 http://www.contoso.com）后按 Enter 键。

可以链接到网页、链接到新文档或现有文档中的某个位置，也可以开始向电子邮件地址发送邮件。

创建超链接的具体方法如下：

（1）在幻灯片编辑区中选择要添加超链接的对象。

（2）在【插入】|【链接】段落中单击【链接】按钮或按 Ctrl+K 组合键，打开【插入超链接】对话框，如图6-166所示。

图6-166

（3）在左侧的【链接到】列表中提供了4种不同的链接方式，选择所需链接方式后，在中间列表中按实际链接要求进行设置，完成后单击【确定】按钮，即可为选择的对象添加超链接效果。

在放映幻灯片时，单击添加链接的对象，即可快速跳转至所链接的页面或程序。

6.9 幻灯片的放映

打开"万象府台统计表.pptx"演示文稿，讲解幻灯片放映的操作方法。

6.9.1 放映设置

1. 设置放映方式

（1）选择【幻灯片放映】菜单选项，单击【设置】段落中的【设置幻灯片放映】按钮，打开如图6-167所示的【设置放映方式】对话框。

图6-167

（2）在该对话框中，可以对放映类型、放映选项、放映幻灯片的数量、推进幻灯片（也就是换片方式）、绘图笔颜色、激光笔颜色等进行设置。设置完毕，单击【确定】按钮即可。

2. 隐藏幻灯片

（1）在【幻灯片】窗格中选择需要隐藏的第7页幻灯片。

（2）在【幻灯片放映】|【设置】组中单击【隐藏幻灯片】按钮，即可隐藏幻灯片，如图6-168所示。被隐藏的幻灯片上将出一条斜向下线标志。

（3）单击【隐藏幻灯片】便可将其重新显示。

3. 录制旁白

（1）在【幻灯片】窗格中选择需要录制旁白的幻灯片，这里单击选择第2页幻灯片。

（2）在【幻灯片放映】|【设置】段落中单击【录制幻灯片演示】按钮，在下拉列表中选择【从当前幻灯片开始录制】，如图6-169所示。

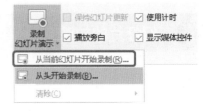

图 6-168   图 6-169

（3）此时打开幻灯片放映模式，右下角出现照相机预览视频画面，如图6-170所示。

图 6-170

（4）单击左上角的【录制】按钮，开始录制旁白。

· 单击【停止】按钮停止录制旁白。

· 单击【重播】按钮，可预览所录制的旁白。

· 单击【暂停预览】，可暂停预览旁白。

· 单击【清除】按钮，在打开的下拉列表中可选择清除旁白记录，如图6-171所示。

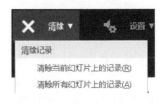

图 6-171

（5）单击Esc键，退出放映模式，返回到普通视图中。

4. 设置排练计时

在【幻灯片放映】|【设置】段落中单击【排练计时】按钮，进入放映排练状态，并在放映左上角打开【录制】工具栏，如图6-172所示。

图 6-172

开始放映幻灯片，单击【录制】工具栏中的【下一页】按钮 ➡，幻灯片在人工控制下不断进行切换，同时在【录制】工具栏中进行计时，如图 6-173 所示。

计时完成后，弹出如图 6-174 所示的提示框确认是否保留排练计时，单击【是】按钮完成排练计时操作，返回到演示文稿的普通视图中。

图 6-173

图 6-174

6.9.2　放映幻灯片

1. 开始放映

·在【幻灯片放映】|【开始放映幻灯片】段落中单击【从头开始】按钮 或按【F5】键，将从第 1 张幻灯片开始放映。

·在【幻灯片放映】|【开始放映幻灯片】段落中单击【从当前幻灯片开始】按钮 或按【Shift+F5】组合键，将从当前选择的幻灯片开始放映。

·单击状态栏右侧的【幻灯片放映】按钮 ，将从当前幻灯片开始放映。

2. 切换放映

在放映需要讲解和介绍的演示文稿时，如课件类、会议类演示文稿，经常需要切换到上一张或切换到下一张幻灯片，此时就需要使用幻灯片放映的切换功能。

·切换到上一张幻灯片：按【Page Up】键、按【←】键或按【Backspace】键。

·切换到下一张幻灯片：单击鼠标左键、按空格键、按【Enter】键或按【→】键。

3. 放映过程中的控制

在幻灯片的放映过程中，有时需要对某一幻灯片进行更多的说明和讲解，此时可以暂停该幻灯片的放映：

·可以直接按【S】键或【+】键暂停放映。

·也可在需暂停的幻灯片中单击鼠标右键，在弹出的快捷菜单中选择【暂停】命令，如图 6-175 所示。

·此外，在右键快捷菜单中还可以选择【指针选项】命令，在其子菜单中选择【笔】或【荧光笔】命令，如图 6-176 所示，对幻灯片中的重要内容做标记。

图 6-175　　　　　图 6-176

6.9.3 演示文稿的打包、发送与联机演示

1. 打包演示文稿

（1）选择【文件】|【导出】命令，打开【导出】界面。

（2）选择【将演示文稿打包成 CD】选项，在打开的列表中单击【打包成 CD】按钮，如图 6-177 所示。

（3）此时打开【打包成 CD】对话框，如图 6-178 所示。

图 6-177　　　　　　　　　　图 6-178

·在其中可以选择【添加】按钮，可添加多个演示文稿进行打包。

·单击【选项】按钮，在打开的【选项】对话框可输入密码，然后单击【确定】按钮。对打包文件进行保护。如图 6-179 所示。

·同时还可以单击【复制到文件夹】按钮，在打开的【复制到文件夹】对话框中设置文件夹名称和存放的位置，然后单击【确定】按钮。

·如果要在打包文件中包含演示文稿中的

图 6-179

所有链接文件，则单击【复制】按钮，在打开的提示对话框中单击【是】按钮，如图 6-180 所示。如果光驱中没有放置 CD 盘，则会弹出如图 6-181 所示提示对话框。

图 6-180　　　　　　　　　　　　　　　　　　图 6-181

（4）最后单击【打包成 CD】对话框中的【确定】按钮，即可进行打包操作。

2. 将演示文稿以电子邮件发送

（1）选择【文件】|【共享】命令，打开【共享】界面，如图 6-182 所示。

（2）选择【电子邮件】选项，然后在打开的列表中单击【作为附件发送】按钮，如图 6-183 所示。

图 6-182　　　　　　　　　　　　　　　　　图 6-183

（3）在打开的提示对话框中成功添加 Outlook 邮件后，便可进行邮件的编辑与发送操作。

3. 联机演示

日常工作中常常会借助于 PPT 进行演示，而相关人员无法到场参加时，就可以使用 PowerPoint 的联机演示功能来进行远程教学或培训。

（1）选择【文件】|【共享】命令，打开【共享】界面。

（2）选择【联机演示】选项，然后在打开的列表中单击选中【允许远程查看者下载此演示】选项，然后单击【联机演示】按钮，如图 6-184 所示。

（3）在打开的【联机演示】对话框中，

图 6-184

237

选中【允许远程查看者下载此演示】选项，然后单击【连接】按钮，如图 6-185 所示。

（4）此时打开如图 6-186 所示对话页面，输入要用来打开演示文稿的账户，比如安装 Office 时注册的电子邮件，然后单击【下一步】按钮。

（5）系统提示在准备联机演示文稿，如图 6-187 所示。

图 6-185

图 6-186

图 6-187

提示： 提示：如果读者已经使用账户登录了 PowerPoint，那么就会略过图 6-186 和图 6-187 所示画面。

（6）单击【复制链接】按钮，分享联机演示链接，如图 6-188 所示。可以通过邮件或 QQ、微信等发送联机演示链接。

（7）接收者手机端或平板端点击收到的联机演示链接，与演示者进行调试，如图 6-189 所示。

（8）演示者点击【开始演示】，即可同步演示，如图 6-190 所示。

图 6-188

图 6-189

图 6-190

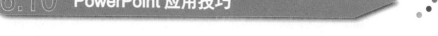

6.10 PowerPoint 应用技巧

6.10.1 如何在插入文字时不改变对象大小

一般情况下，如果我们插入较多文字后，被插入的对象往往会自动改变大小以适应文字。怎么才能保证对象不变呢？

（1）执行【文件】|【选项】命令，打开【PowerPoint 选项】对话框。

（2）切换到【校对】标签，单击【自动更正选项】分组下的【自动更正选项】按钮，如图 6-191 所示。

（2）在打开的【自动更正】对话框中，清除【根据占位符自动调整正文文本】复选框，如图 6-192 所示。

图 6-191

图 6-192

6.10.2 如何使文字和图形一起移动和旋转

有时，我们会遇到这样的问题，在移动和旋转图形后，图形上的文字并不跟着移动、旋转，如图 6-193 所示。

图 6-193

此问题可能是由于文字位于文本框中，使用【文本框】工具创建并放置在对象顶部的文字不会附加到对象上，所以这些文字将不与对象一起移动或旋转。

（1）若要使附加文字成为形状的一部分，请单击对象，然后重新输入或粘贴文字。

（2）若要将文本框和对象组合在一起使其作为一个单元移动，则在选取文字和对象时按住 Shift 键，然后使用鼠标右键单击，在弹出菜单中选择【组合】|【组合】命令完成操作，如图 6-194 所示。

（3）此时文字和图形对象就可以一起移动、旋转了，如图 6-195 所示。

图 6-194   图 6-195

6.10.3 怎样在段落中另起新行而不用制表位

在使用编号列表和项目符号列表时，每种项目符号或编号以及正文都有预设的缩进。这些缩进和制表位有助于对齐幻灯片上的文本。但有时用户可能要在项目符号或编号列表的项之间另起一个不带项目符号和编号的新行。它需要独占一行，但不用制表位。该怎么办呢？

用户只需要按 Shift+Enter 组合键，即可另起新行，如图 6-196 所示。

图 6-196

注意： 一定不能直接使用 Enter 键，这样系统自动会给下一行添上制表位，会自动套用项目符号或编号，如图 6-197 所示。

图 6-197

6.10.4　怎样在幻灯片任何位置插入日期和时间

一般的用户都知道，我们可以在幻灯片的页眉和页脚里添加日期、时间。实际上，幻灯片中的任意一个位置，用户都可以添上时间和日期。

（1）将鼠标定位到要插入日期和时间的地方。

（2）在【插入】|【文本】段落中单击【日期和时间】按钮，弹出【日期和时间】对话框。

（3）选择自己喜欢的时间格式，如图 6-198 所示。

（4）如果要保持日期和时间随着时间的推移而变化，就选定【自动更新】选项，否则以后打开幻灯片时显示的还是插入时的时间。

（5）单击【确定】按钮，结束操作，效果如图 6-199 所示。

图 6-198

图 6-199

6.10.5　怎样更改任意多边形的形状

可以更改多边形的形状，以满足我们的需求。

（1）选取要更改的任意多边形或曲线对象，然后执行【绘图工具 格式】|【编辑形状】、【编辑顶点】命令。

（2）如果要重调任意多边形的形状，则拖动组成该图形轮廓的一个顶点；如果要将顶点添加到任意多边形，则单击要添加顶点的位置，然后进行拖动；如果要删除顶点，则按住 Ctrl 键并单击要删除的顶点。

（3）为了更好地控制曲线的形状，在单击【编辑顶点】后，用鼠标右键单击一个顶点，在弹出菜单中可添加其他类型的顶点以精调曲线的形状，如图 6-200 所示。

6.10.6 怎样将幻灯片保存为图片

可以将幻灯片保存为图片，将其应用到其他应用程序中，比如 Word 中：

（1）切换到要保存为图片的幻灯片，然后执行【文件】|【另存为】命令，打开【另存为】界面，单击【浏览】按钮，弹出【另存为】对话框。

图 6-200

（2）选择要保存图片的位置并在【文件名】文本框中输入要保存的文件名称，在【保存类型】列表中选择所需的图形格式，比如【JPEG 文件交换格式】，然后单击【保存】按钮即可，如图 6-201 所示。

系统弹出如图 6-202 所示对话框。

·如果只保存当前幻灯片，则选择【仅当前幻灯片】。

·如果要保存演示文稿中的所有幻灯片，则选择【所有幻灯片】。

图 6-201

图 6-202

6.10.7 怎样更方便地绘制多边形

在绘制和编辑多边形时，往往因为移动的距离比较小而显得麻烦而不精确。我们可以通过下面的方法来更好地绘制多边形。

（1）增加【显示比例】框中的放大程度。当显示为 200% 时绘制细节就会更加容易了。

（2）使用【任意多边形】工具进行绘制，不要使用【自由曲线】工具。

（3）在 Windows【控制面板】中将鼠标的跟踪速度设置为最慢，当以很慢的速度绘图时，可以更好地绘制。

6.10.8 怎样创建图片的镜像

可以使用下面的方法去创建一个对象的镜像，来实现幻灯片中的一些特殊效果：

（1）首先单击选中要复制的对象，比如复制一个月牙形的图形。

（2）执行【开始】|【剪贴板】|【复制】命令，然后在指定位置单击菜单命令【剪贴板】|【粘贴】|【使用目标主题】命令。

（3）选中复制好的对象，执行【绘图工具 格式】|【排列】|【旋转】|【水平翻转】命令。

（4）用鼠标拖动并放置复制的对象，使它与原始对象呈镜像，效果如图 6-203 所示。

图 6-203

6.10.9　怎样将图片文件用作项目符号

有时候使用系统默认的项目符号，比如【1、2、3】、【a、b、c】可能不能满足用户的要求。其实，我们还可以使用图片文件作为项目符号。

（1）首先打开【在幻灯片中播放影片 .pptx】演示文稿。

（2）选择要添加图片项目符号的文本或列表，如图 6-204 所示。

（2）选择【开始】菜单选项，单击【段落】段落中的【项目符号】按钮，在打开的下拉列表中选择【项目符号和编号】选项，如图 6-205 所示。

图 6-204

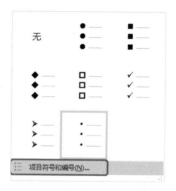

图 6-205

（3）在打开的【项目符号和编号】对话框中，单击选择一种项目符号样式，然后单击【图片】按钮，如图 6-206 所示。

（4）单击【确定】按钮，打开如图 6-207 所示对话框。

图 6-206

图 6-207

（5）单击选择【联机图片】选项，在打开的【联机图片】页面中单击【苹果】分类图标，如图 6-208 所示。

（6）单击选择打开的页面中的一幅图片，如图 6-209 所示，然后单击【插入】按钮。

图 6-208

图 6-209

此时所选图片就被作为项目符号插入文本前面了，如图 6-210 所示。

图 6-210

6.10.10 怎样快速在窗格之间移动

在编辑幻灯片时，需要在多个幻灯片之间进行切换。可以用下列方法快速在各个幻灯片之间进行切换定位：

（1）按 F6 键可以顺时针在普通视图各幻灯片之间移动。

（2）按 Shift+F6 组合键可以逆时针在普通视图幻灯片之间移动。

（3）按 Ctrl+Shift+Tab 组合键，可以在普通视图中【大纲与幻灯片】窗格的【幻灯片】和【大纲】选项卡之间切换。

6.10.11 怎样将 PowerPoint 文件转化为视频文件

要把 PowerPoint 演示文稿转化为流媒体文件，这需要一个具有此转化功能的工具。【狸窝 PowerPoint 转换器】就能实现将 PPT 转换为视频文件的功能。

只要是 PowerPoint 做出来的格式，例如 PPT，PPTX，PPS，使用【狸窝 PowerPoint 转换器】都可以完美地转换成所有流行的视频格式，并且不用担心转换出来的效果失效或者原 PPT 中的视频声音消失的现象，这个在这款软件中是不会发生的，你转换什么效果的 PPT，出来的就是什么效果的 PPT 视频。